科普图书馆

“科学就在你身边”系列

苍穹中的美丽与传说

——解码天文奇观

总 主 编 杨广军

副总主编 朱焯炜 章振华 张兴娟
胡 俊 黄晓春 徐永存

本册主编 朱焯炜

本册副主编 卞宝安 肖 寒

上海科学普及出版社

图书在版编目（CIP）数据

苍穹中的美丽与传说：解码天文奇观 / 杨广军主编.
--上海：上海科学普及出版社，2014(2018.4 重印)
(科学就在你身边)
ISBN 978-7-5427-5913-9

Ⅰ.①苍…　Ⅱ.①杨…　Ⅲ.①宇宙–普及读物
Ⅳ.①P159-49

中国版本图书馆 CIP 数据核字(2013)第 252391 号

组　　稿　胡名正　徐丽萍
责任编辑　胡　伟
统　　筹　刘湘雯

"科学就在你身边"系列
苍穹中的美丽与传说
——解码天文奇观
总主编　杨广军
副总主编　朱焯炜　章振华　张兴娟
胡　俊　黄晓春　徐永存
本册主编　朱焯炜
本册副主编　卞宝安　肖　寒
上海科学普及出版社出版发行
(上海中山北路 832 号　邮政编码 200070)
http://www.pspsh.com

各地新华书店经销　北京昌平新兴胶印厂
开本 787×1092　1/16　印张 13　字数 200 000
2014 年 1 月第 1 版　2018 年 4 月第 2 次印刷

ISBN 978-7-5427-5913-9　定价：25.80 元

卷首语

谁说宇宙没有生命？宇宙本身就是一个硕大无比的、永恒的生命，那永恒的运动、那演化的过程，不正是她生命力的体现吗？如果宇宙没有生命，她怎会从中开出灿烂的生命之花？她，这个神秘的她，到处都隐藏着不尽的奥秘，隐藏着生命的萌芽，隐藏着流淌的声音。

几千年以后，我们看到的星空还是那个星空，但会有很多的“不会”，不会看到月食便以为是天狗吃了它，不会看到太阳黑子便以为那是凶兆。科技的发达给我们以力量，使我们能够解释许多天文的奇观，也使我们不再因为无知而害怕……

让我们一起，一起来观看天幕后的奇观，一起在宇宙中漫步与徜徉吧……

目　　录

天

抬头看天——苍穹上演的天文奇观

拥有智慧的行星系——太阳系的风采

飞出银河系——宇宙的无限遐想

宇宙中的巨人——迷人的星云和星系

抬头看天

——苍穹上演的天文奇观

“一个民族有一些关注天空的人，他们才有希望；一个民族只是关心脚下的事情，那是没有未来的。我们的民族是大有希望的民族！我希望同学们经常地仰望天空，学会做人，学会思考。”

——2007 年温家宝在同济大学的即席演讲

抓住“陨落的星”——流星雨

“流星划过天际的瞬间，美丽的弧线画出天空最美的永恒。闪亮、璀璨，永远驻留在你的心间。寂静的黑夜，茫茫的天宇，一切天地万物，在这短暂的瞬间都黯然失色，消声殆尽。流星划过天际的瞬间，稍纵即逝，却为这漆黑的夜晚带来永恒的绚烂。你像虔诚的信徒，双目紧闭，双手合并，默默地祈祷，希望在她陨灭之前许下心愿，来生我们还要相见！”这优美的诗句仿佛让我们的眼前闪现出一幅幅流星雨的画面。

◆浪漫的流星雨

流星是地球的“友好邻居”

在太阳系中，除了八大行星和它们的卫星之外，还有彗星、小行星以及一些更小的天体。小天体的体积虽小，但它们和八大行星一样，在围绕太阳公转。如果它们有机会经过地球附近，就有可能以每秒几十千米的速度闯入地球大气层，其上面的物质由于与地球大气发生剧烈摩擦，巨大的动能转化为热能，引起物质电离发出耀眼的光芒。这就是我们经常看到的流星。

有的流星是单个出现的，在方向和时间上都是随机的，也无任何辐射点可言，这种流星称为偶发流星。流星雨与偶发流星有着本质的不同，流

◆物质与大气发生摩擦，产生光芒

星雨的重要特征之一是所有流星的反向延长线都相交于辐射点。

流星雨的规模大不相同。有时在一（小）时中只出现几颗流星，但它们看起来都是从同一个辐射点"流出"的，因此也属于流星雨的范畴；有时在短时间内，在同一辐射点中能迸发出成千上万颗流星，就像节日中人们燃放的礼花那样壮观。当流星雨的每（小）时天顶流量（ZHR）超过1000时，称为"流星暴"。

知识窗

周期流星

偶发流星每天都会产生，发生的天区和时间都具有随机性，流星雨具有时间上的周期性，有些可以科学地预测，因此流星雨也被称作周期流星；另外，所有流星的反向延长线都相交于辐射点是流星雨的重要特征。

小资料：古人记载流星雨现象

流星雨的发现和记载，也是我国最早，《竹书纪年》中就有"夏帝癸十五年，夜中星陨如雨"的记载，最详细的记录见于《左传》："鲁庄公七年夏四月辛卯夜，恒星不见，夜中星陨如雨。"鲁庄公七年是公元前687年，这是世界上天琴座流星雨的最早记录。

我国古代关于流星雨的记录，大约有180次之多。其中天琴座流星雨记录大约有9次，英仙座流星雨大约12次，狮子座流星雨记录有7次。这些记录，对于研究流星群轨道的演变，也将是重要的资料。

流星雨的出现，场面相当动人。我国古记录也很精彩。试举天琴座流星雨的

一次记录作例：南北朝时期刘宋孝武帝“大明五年……三月，月掩轩辕。……有流星数千万，或长或短，或大或小，并西行，至晓而止。”（《宋书·天文志》）这是在公元461年。当然，这里的所谓“数千万”并非确数，而是“为数极多”的泛称。

◆天琴座流星雨是我国最早记录的流星雨，在古代典籍《春秋》中就有对其在公元前687年大爆发的生动记载

而英仙座流星雨出现时的情景，从古记录上看来，也令人难以忘怀。请看：唐玄宗“开元二年五月乙卯晦，有星西北流，或如瓮，或如斗，贯北极，小者不可胜数，天星尽摇，至曙乃止。”（《新唐书·天文志》）开元二年是公元714年。

世界著名流星雨

◆狮子座流星雨的母彗——坦普尔·塔特尔彗星

狮子座流星雨

狮子座流星雨在每年的11月14至21日左右出现。一般来说，流星的数目大约为每（小）时10至15颗，但平均每33至34年狮子座流星雨会出现一次高峰期，流星数目可超过每（小）时数千颗。这个现象与坦普尔·塔特尔彗星的周期有关。流星雨产生时，流星看来会像由天空上某个特定的点发射出来，这个点称为“辐射点”，由于狮子座流星雨的辐射点位于狮子座，因而得名。

◆双子座流星雨

双子座流星雨

双子座流星雨在每年的12月13至14日左右出现，最高时流量可以达到每小时120颗，且流量极大的持续时间比较长。双子座流星雨源自小行星1983 TB，该小行星由IRAS卫星在1983年发现，科学家判断其可能是“燃尽”的彗星遗骸。双子座流星雨辐射点位于双子座，是著名的流星雨。

英仙座流星雨

英仙座流星雨每年固定在7月17日到8月24日这段时间出现，它不但数量多，而且几乎从来没有在夏季星空中缺席过，是最适合非专业流星观测者的流星雨，位列全年三大周期性流星雨之首。斯威夫特-塔特尔彗星是英仙座流星雨之母，1992年该彗星通过近日点前后，英仙座流星雨大放异彩，流星数目达到每小时400颗以上。

◆在约旦首都安曼附近，英仙座流星雨划过天际

猎户座流星雨

猎户座流星雨有两种，辐射点在参宿四附近的流星雨一般在每年的10月20日左右出现；辐射点在猎户ν附近的流星雨则发生于10月15日到10月30日，极大日在10月21日，我们常说的猎户座流星雨是后者，它是由著名的哈雷彗星造成的，哈雷彗

星每 76 年就会回到太阳系的核心区，散布在彗星轨道上的碎片，由于哈雷彗星轨道与地球轨道有两个相交点形成了著名的猎户座流星雨和宝瓶座流星雨。

◆天龙座流星

金牛座流星雨

金牛座流星雨在每年的 10 月 25 日至 11 月 25 日左右出现，一般 11 月 8 日是其极大日，恩克彗星轨道上的碎片形成了该流星雨，极大日时平均每（小）时可观测到五颗流星划空而过，虽然其流量不大，但由于其周期稳定，所以也是广大天文爱好者热衷的对象之一。

天龙座流星雨

天龙座流星雨在每年的 10 月 6 日至 10 日左右出现，极大日是 10 月 8 日，该流星雨是全年三大周期性流星雨之一，最高时流量可以达到每小时 400 颗。

流星雨威胁人造卫星安全

对观测者来说，流星雨是不可多得的观测机会；但是对人造卫星来说，它们是潜在的安全隐患。流星雨可产生非常美丽的光影。但是形成它们的太空碎片（通常是从彗星上脱落的尘块）有可能会对飞船造成严重破坏，因为这些太空碎片的速度最高可达每秒 16 米。今年的狮子座流星雨在 11 月 17 日达到峰值，峰值期间每（小）时可产生 300 颗流星。这张 1999 年拍摄的狮子座流星雨，是从一架飞机上拍摄的。

2009 年 8 月 13 日在英仙座流星雨达到峰值的时候，美国“陆地卫星 5 号”突然出现功能紊乱。负责“陆地卫星”5 号任务的美国地质调查局正在进行调查，看看是不是宇宙尘碰撞产生的等离子体对卫星的电子设备产生了干扰，导致功能紊乱。人造卫星并非没有任何保护措施。当密集的流星雨就要来临时，卫星会改变太阳能电池板的方向，尽量降低受损机会。然而在 1993 年英仙座流星雨发生期间，欧洲空间局的“奥林巴斯 1 号”卫星却做不到这一点。

◆这张 1999 年拍摄的狮子座流星雨，是从一架飞机上拍摄的

◆陆地卫星 5 号

据美国国家航空与航天局的比尔·库克介绍，早些时候发生的宇宙尘碰撞已经导致其中一个太阳能电池板上的瞄准控制系统失灵，使它无法改变太阳能电池板的方向，不能躲避流星的袭击。

对“奥林巴斯 1 号”来说非常不幸的是，那一年的流星雨非常密集，因为产生流星雨的斯威夫特－塔特尔彗星在这之前刚刚从地球旁边越过，它彗尾里的大量太空碎片遗留下来，形成流星。

流星雨期间，英仙座流星雨几乎导致“奥林巴斯 1 号”卫星因旋转过快失去控制。努力恢复控制消耗了这颗卫星的大部分燃料，最终剩下的燃料只够把它送入“墓地”轨道，在那里它不会与其他人造卫星相撞在一起。

◆一颗微流星体于 1994 年穿过美国国家航空与航天局发射的小型消耗性展开系统使用的一根系链。这些太空系链将来有一天会被用于把人造卫星抛入不同的轨道

1. 你见过流星雨吗?
2. 说说流星雨是怎样形成的?
3. 流星雨有什么危害?
4. 对于流星雨的记载最早在什么时候?

天外来客——陨石

◆未燃尽的流星体落到地球上，就成了陨石

人们在观察中发现，在太阳系中的火星和木星的轨道之间有一条小行星带，它就是陨石的故乡之一，这些小行星在自己轨道运行，并不断地发生着碰撞，有时就会被撞出轨道奔向地球，在进入大气层时，与大气发生摩擦产生的光热现象便是流星。这个小行星残骸就叫流星体，未燃尽的流星体落到地球上，就成了陨石。流星体进入大气层时，产生的高温、高压与内部不平衡，便发生爆炸，就形成陨石雨。陨落在吉林桦甸方圆 250 千米的土地上的陨石雨就是这样形成的。其中“1 号陨石”落到永吉县桦皮厂附近，遁入地下 6 米多，升起一片蘑菇云，它产生的震动相当于 6.7 级地震，附近房中的家具都倾倒了，杯碗都摔碎了。这是多么强大的力量。

陨石，你从哪来？

陨石是人类直接认识太阳系各星体珍贵稀有的实物标本，极具收藏价值。陨石多半含有地球上没有或不常见的矿物组合，以及经过大气层高速燃烧的痕迹。至于航天员登上外星球，如月球，所带回来的则不叫陨石。

◆飞向行星的陨石

而会称为月球矿石。据加拿大科学家长达10年的观测，每年降落到地球上的陨石有20多吨，大概有两万多块。由于多数陨石落在海洋、荒草、森林和山地等人迹罕至地区，因此被人发现并收集到的陨石每年只有几十块，数量极少。大多数陨石来自小行星带，小部分来自月球和火星。

◆1976年到达地球的吉林1号陨石，是目前世界上最大的石质陨石

陨星的形状各异，最大的石质陨石是重1770千克的吉林1号陨石，最大的陨铁是纳米比亚的戈巴陨铁，重约60吨；中国陨铁石之冠是新疆清河县发现的“银骆驼”，约重28吨。

广角镜：致命的灾难能导致物种的灭绝吗？

有的科学家认为大约6600万年前落入地球的巨大陨星导致了地球上许多动

◆是陨星终结了恐龙对地球的统治?

植物的灭绝。这块估计直径为10千米的陨星在白垩纪后期击中了地球，导致了恐龙的突然灭亡，这些巨大的爬行动物在统治地球长达数百万年后，在接下来的第三纪中让位于小型的哺乳动物。

那时期地球上的黏土中不同寻常地富含铱元素。这种物质在地球上很稀有，但在陨石中含量丰富，所以黏土中的铱被认为是这次巨大的陨星撞击释放出来的。

陨石的成分

陨石根据其内部的铁镍金属含量高低通常分为三大类：石陨石、铁陨石、石铁陨石。石陨石中的铁镍金属含量小于或等于30%；石铁陨石的铁、镍金属含量在30%～65%之间；铁陨石的铁、镍金属含量大于或等于95%。

◆石铁陨石介乎石陨石及铁陨石两者之间。数量是陨石中最少的，在陨石收藏界中价格也是最有可看性的，多半由橄榄石与镍铁混合在一起，经过切片抛光，是非常漂亮的一件艺术品

石铁陨石

石铁陨石由铁、镍和硅酸盐矿物组成，铁镍金属含量30%～65%，这类陨石约占陨石总量的1.2%，故商业价值最高。石铁陨石根据内部的主要成分和构造特点分为：橄榄石石铁陨石（PAL）、中铁陨石（MES）、古铜辉石——鳞石英石铁陨石。

石陨石

◆发现于中国的石陨石

石陨石是最常见的一种陨石，它含有75%～90%硅酸盐矿物质（例如橄榄石）、10%～25%的镍铁金属及硫铁化物。石陨石主要由橄榄石、辉石和少量斜长石组成，也含有少量金属铁微粒，有时可达20%以上。密度3至3.5。石陨石占陨石总量的95%。1976年3月8日15时，吉林地区东西12千米，南北8千米，总面积500多平方千米的范围内，降了一场世界罕见的陨石雨，收集到的陨石有200多块。最大的1号陨石重1770千克，名列世界单块石陨石重量之最。其成分主要矿物有贵橄榄石、古铜辉石、铁纹石和陨硫铁；次要矿物有单斜辉石、斜长石等。石陨石根据内部是否含有球粒结构又可分为两类：球粒陨石、非球粒陨石。

铁陨石

◆这就是那块重约28吨的铁陨石

铁陨石中含有90%的铁、8%的镍。铁陨石的切面与纯铁一样，很亮。铁陨石约占陨石总量的3%。世界3号铁陨石于19世纪末发现于我国新疆青河县，大小为2.42米×1.85米×1.37米，重约28吨。该陨铁含铁88.67%，含镍9.27%。其中含有多种地球上没有矿物，如锥纹石、镍纹石等宇宙矿物。

广角镜：你发现过陨石吗？

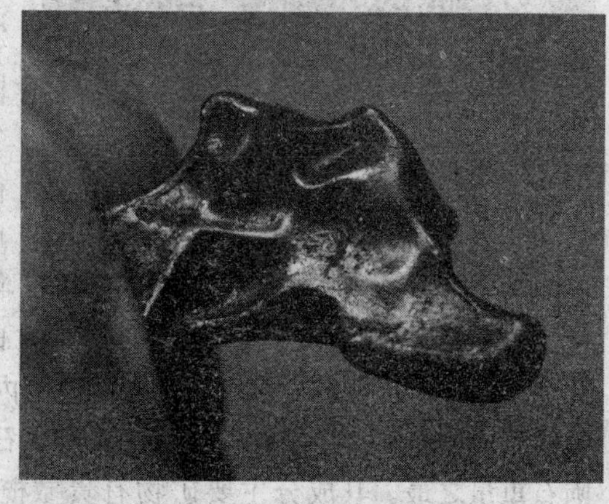

◆思科浩特铁陨石，有着漂亮的指印熔纹

陨石在高空飞行时，表面温度达到几千摄氏度。在这样的高温下，陨石表面熔化成了液体。后来由于低层比较浓密大气的阻挡，它的速度越来越慢，熔化的表面冷却下来，形成一层薄壳叫“熔壳”。熔壳很薄，一般在1毫米左右，颜色是黑色或棕色的。在熔壳冷却的过程中，空气流动在陨石表面吹过的痕迹也保留下来，叫“气印”。气印的样子很像在面团上按出的手指印。熔壳和气印是陨石表面的主要特征。若是你看到的石头或铁块的表面有这样一层熔壳或气印，那你可以立刻断定，这是一块陨石。但是落下来的年代较久的一些陨石，由于长期的风吹、日晒和雨淋，熔壳脱落了，气印也就不易辨认出来了，但是那也不要紧，还有别的办法来辨认。石陨石的样子很像地球上的岩石，用手掂量一下，会觉得它比同体积的岩石重些。石陨石一般都含百分之几的铁，有磁性。

世界著名陨石坑

亚利桑那陨石坑

美国内华达州亚利桑那陨石坑。这个陨石坑是5万年前，一颗直径约为30～50米的铁质流星撞击地面的结果。这颗流星重约50万千克、速度达到20千米/秒，爆炸产生的威力相当于2000万千克炸药爆炸，超过美国轰炸日本广岛那颗原子弹的一千倍。爆炸在地面上产生了一个直径约1245米，平均深度达180米的大坑。据说，坑中可以安放下20个足球场，四周的看台则能容纳200多万观众。

◆美国亚利桑那陨石坑

尤卡坦陨石坑

墨西哥尤卡坦半岛希克苏鲁·伯陨石坑，直径有170千米。肇事者是6500万年前一颗直径为10～13千米的小天体。陨石坑被埋藏在1100米厚的石灰岩底下，先被石油勘探工作者发现，随即又被“奋进号”航天飞机通过遥感技术证实了它的存在。希克苏鲁伯陨石坑被掩埋在墨西哥希克苏鲁伯村（意思是“恶魔的尾巴”）附近的尤卡坦半岛下面。这次撞击在全球引起破坏性大海啸、地震和火山爆发。人们普遍认为希克苏鲁伯撞击导致恐龙灭绝，也可能是因为全球性的大爆发或者剧烈而普遍的温室效应导致长期的环境变化。

米斯塔斯汀湖

米斯塔斯汀湖位于加拿大拉布拉多，3800万年前的一次陨星撞击在这里留下一个直径为28千米的巨大的洞。从此向东流的冰河迅速下沉，边缘出现了一个湖，这就是加拿大米斯塔斯汀湖。在湖中间有一个弓形小岛，它可能

◆加拿大米斯塔斯汀湖

是复杂的陨石坑结构中间凸起的部分。

戈斯峭壁

◆澳大利亚戈斯峭壁

澳大利亚探险家戈斯于1873年发现了戈斯峭壁。最早光顾这个陨石坑的是生活在澳大利亚荒漠中的土著，坑中的营地遗址留下了他们当年活动的痕迹。像大多数类似的陨石坑一样，戈斯峭壁也有从中心向四周辐射的地质裂缝。根据科学家对该坑形成的研究，证实它是在1.3亿年前，遭受来自太空的撞击形成的，撞击物体速度极快，但密度相对较低，因而推测是彗星（由固体二氧化碳、冰块和尘埃组成）而非小行星陨石。

喀拉库尔陨石坑

◆塔吉克斯坦喀拉库尔湖陨石坑

这个临近阿富汗边界，在帕米尔高原上的陨石坑大约在500万年前形成，直径45千米。喀拉库尔湖位于比海平面高3900米的塔吉克斯坦帕米尔山脉中，直径25千米，靠近中国边境。喀拉库尔湖是在最近的卫星图上发现的。

清水湖陨石坑

这是一对孪生陨石坑，形成在2.9亿年以前，可能是由分裂成两块的小行星同时撞击而成。陨石坑西面的那个直径32千米，东面的那个直径22千米。这些湖之所以会成为非常受欢迎的旅游胜地，可能是因为这里大量小岛形成了一系列美丽的小岛“链”。这些湖出名的另一个原因是它们拥有清澈见底的湖水。

◆加拿大清水湖

曼尼古根陨石坑

该陨石坑有明显的被冰面覆盖的环状湖。这个陨石坑有 100 千米直径，形成于 2.1 亿年前。曼尼古根湖又被称作“魁北克之眼”，它是加拿大魁北克中心的一个环形湖，位于一个远古侵蚀陨石坑的遗址上。它一直受到流经的冰河和其他侵蚀作用的影响，直到现在也不例外。

◆加拿大曼尼古根陨石坑

博苏姆推湖

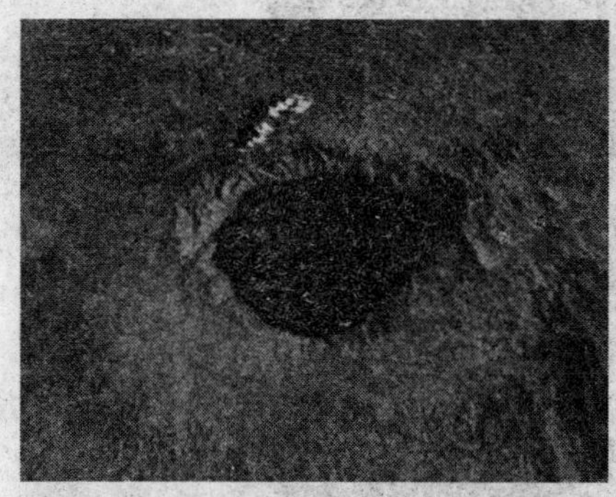

◆加纳博苏姆推湖

博苏姆推湖位于加纳库马西的东南大约 30 千米的西非大地盾的水晶矿床上，它是该国唯一一个自然湖。大约在 130 万年前，一颗陨星在这里与地球相撞，在地面上留下一个直径为 10.5 千米的洞。这个陨石坑逐渐充满水，形成现在我们看到的湖。博苏姆推湖周围被浓密的雨林环绕，非洲西部阿善堤地区的人认为这是个神明之地。他们认为这里是死者的灵魂向上帝告别的地方。

深水湾

加拿大深水湾位于加拿大萨斯喀彻温省驯鹿湖西南端附近。它是一个非常引人注目的环形浅水湖，非常深，而且形状很不规则。这个直径 13 千米的陨石坑由大约 1 亿年前一个大陨星撞击该地形成的中间凸起的低洼的复合撞击结构组成。

◆加拿大深水湾

奥隆加陨石坑

奥隆加陨石坑是在 200 万到 3 亿年前形成的一个侵蚀陨石坑，它位于非洲乍得湖北部的萨哈拉沙漠地区。这个陨石坑是由一颗直径为 1.6 千米的彗星或小行星与地球相撞形成的。这种撞击大约每 100 万年才发生一次。

◆乍得湖奥隆加陨石坑

这个陨石坑的直径大约 17 千米，附近有两个环形结构，这两个环形结构是航天飞机成像雷达对大约是 36 千米的区域进行扫描时发现的。

实验：摩擦做功实验

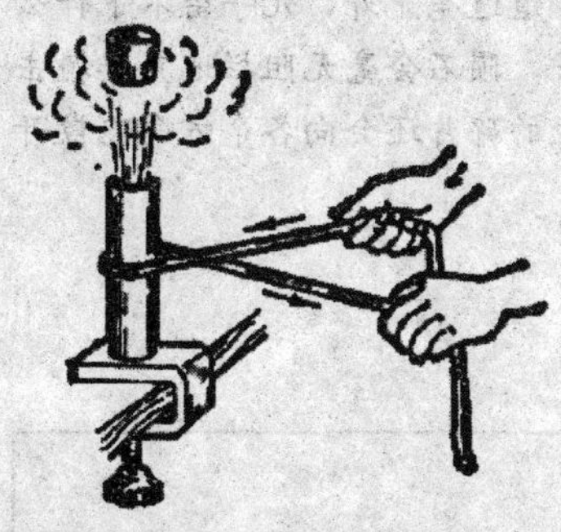

◆实验示意图

流星产生的原因是流星体受到了空气的摩擦力，流星体克服摩擦力做功使自身的内能增加，从而燃烧。让我们在实验室中验证这一物理原理。

按图将仪器装好，倒入少量乙醚，塞紧橡皮塞。把皮绳在靠近管的下部处缠绕一圈。迅速地来回拉动皮绳。少时，乙醚沸腾，蒸汽把橡皮塞冲开。

得出结论：乙醚内能的增加是由克服摩擦做功所引起的。“做功能改变物体的内能”。

广角镜：月球再遭陨石猛烈撞击

美国国家航空与航天局的天文学家们成功记录到了一次规模不大但却非常猛烈的陨石撞击月球事件。撞击在月球表面“雨海”的西北部留下了微小的痕迹。虽然月球表面遍布着大量因陨石撞击产生的陨石坑，但是直到 1999 年，天文学家们才首次目睹了陨石撞击月球的全过程。

◆陨石撞击月球表面的艺术想象图

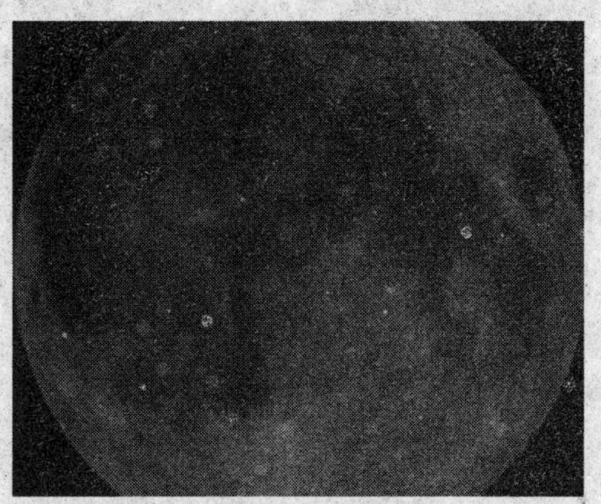

◆月球表面部分遭陨石撞击的区域，月球成陨石撞击重灾区

此次撞击产生的亮光共持续了六分之一秒。天文学家们认为，撞击月球的陨石原是金牛座流星雨的一部分，直径约0.12～0.13米。据估计，陨石在月球表面造成的陨石坑的直径可能达到了3米。

陨石撞击月球与它们撞击地球的过程存在着巨大差异。大多数体积较小的陨石都会在穿越地球大气层的过程中燃烧殆尽，除了道道亮光外，几乎留不下什么痕迹。而由于月球没有像地球一样浓密的大气保护，陨石会毫无阻拦地直接撞击到月表并造成大小不一的陨石坑。同时，撞击产生的碎片还会向各个方向飞散开来，很难在短时间内沉积到月球表面。

1. 什么是陨石？

2. 陨石是怎样形成的？

3. 陨石分为哪几类？

4. 科学家研究发现，恐龙的灭绝与陨石有关，你觉得这个推断正确吗？有这种可能吗？

扫帚星——彗星的奇观

◆在古代，看到彗星是灾难的象征

公元1066年，诺曼人入侵英国前夕，正逢哈雷彗星回归。当时，人们怀有复杂的心情，注视着夜空中这颗拖着长尾巴的古怪天体，认为是上帝给予的一种战争警告和预示。后来，诺曼人征服了英国，诺曼统帅的妻子把当时哈雷彗星回归的景象绣在一块挂毯上以示纪念。

“扫把星”，生活中经常听到有人提到。把某个人说成扫把星，是说这个人不仅自己的运气不好，周围的人因为他也会很倒霉。其实这只是一种迷信的说法而已。“扫把星”这个词最初来源于彗星，因为彗星运动的时候后面好像有个尾巴，形状像扫把，故得名为扫把星。中国民间把彗星贬称为“扫帚星”、“灾星”。像这种把彗星的出现和人间的战争、饥荒、洪水、瘟疫等灾难联系在一起的事情，在中外历史上有很多。

沿着椭圆轨道运行的彗星

每当彗星接近太阳时，它的亮度迅速地增强。对离太阳相当远的彗星

的观察表明它们沿着被高度拉长的椭圆轨道运行，而且太阳是在这椭圆轨道的一个焦点上，与开普勒第一定律一致。彗星大部分的时间运行在离太阳很远的地方，在那里是不容易被发现它们的。只有当它们接近太阳时才容易被发现。大约有40颗彗星公转周期相当短（小于100年）。历史上第一个被观测到相继出现的同一天体是哈雷彗星。英国天文学家哈雷曾算出24颗彗星的轨道，结果发现1531年、1607年、1682年出现的三颗彗星的轨道相似，他认为这是同一颗彗星的三次出现，并预言它在76年后将再次出现。他的预言果然应验了，于是这颗彗星被命名为哈雷彗星。

◆哈雷彗星

你知道吗？

哈雷彗星下一次回归要到2062年。它的周期是76年。它最近一次是在1986年出现的。

◆英国天文学家哈雷

广角镜：彗星与生命的关系

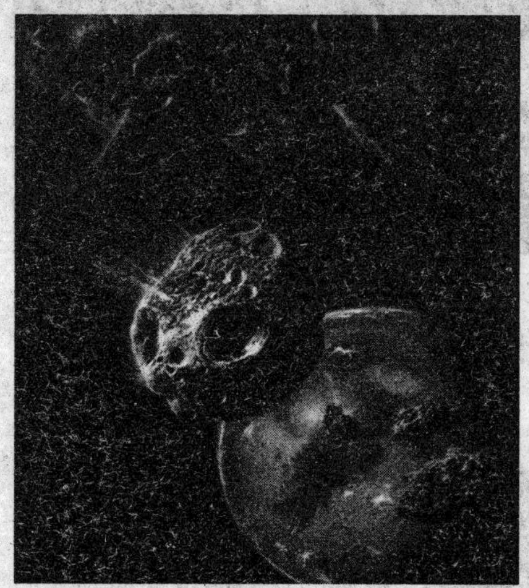

◆生命的种子可能是夹杂在陨石或者彗星的内核里来到地球

彗星是一种很特殊的星体，与生命的起源可能有着重要的联系。彗星中含有很多气体和挥发成分。根据光谱分析，主要是 C_2、CN、C_3，另外还有 OH、NH、NH_2、CH、Na、C、O 等原子和原子团。这说明彗星中富含有机分子。许多科学家注意到了这个现象。也许，生命起源于彗星。1990 年，美国国家航空与航天局的科学家对白垩纪——第三纪界线附近地层的有机尘埃作了这样的解释：一颗或几颗彗星掠过地球，留下的氨基酸形成了这种有机尘埃。并由此指出，在地球形成早期，彗星也能以这种方式将有机物质像下小雨一样洒落在地球上——这就是地球上的生命之源。

蝌蚪状的彗星结构

彗星没有固定的体积，它在远离太阳时，体积很小；接近太阳时，彗发变得越来越大，彗尾变长，体积变得十分巨大。彗尾最长竟可达 2 亿多千米。彗星的质量非常小，绝大部分集中在彗核部分。彗核的平均密度为每立方厘米 1 克。彗发和彗尾的物质极为稀薄，其质量只占总质量的 1%～5%，甚至更小。彗星物质

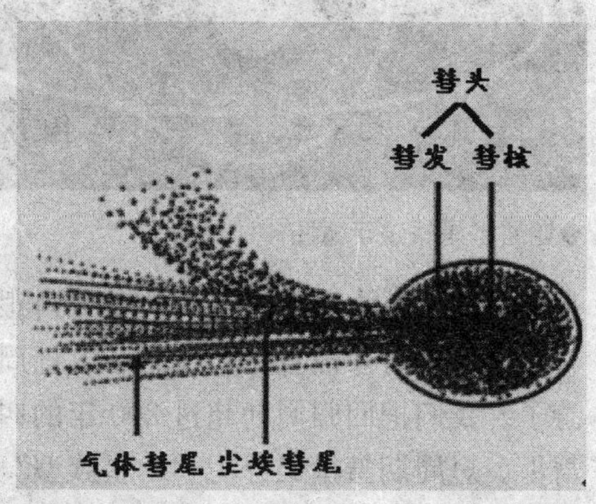

◆彗星的结构

主要由水、氨、甲烷、氢、氮、二氧化碳等组成，而彗核则由凝结成冰的水、二氧化碳（干冰）、氨和尘埃微粒混杂组成，是个“脏雪球”。

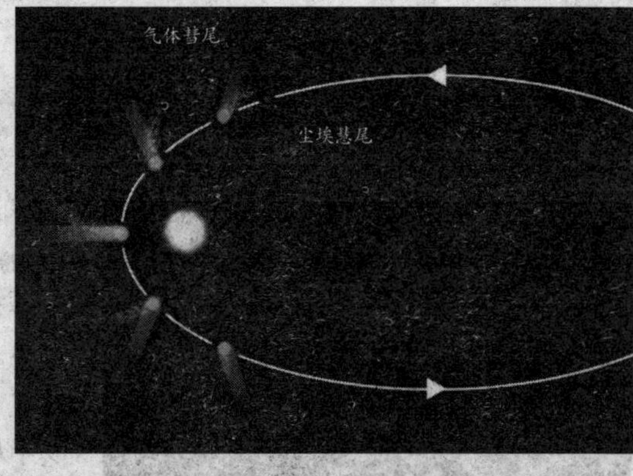

◆彗尾的变化

由于彗星是由冰冻的各种杂质、尘埃组成的，在远离太阳时，它只是个云雾状的小斑点；而在靠近太阳时，因凝固体的蒸发、气化、膨胀、喷发，它就产生了彗尾。彗尾体积极大，可长达上亿千米。它形状各异，有的还不止一条，一般总背离太阳的方向延伸，且越靠近太阳彗尾就越长。宇宙中彗星的数量极大，但目前观测到的仅约有1600颗。

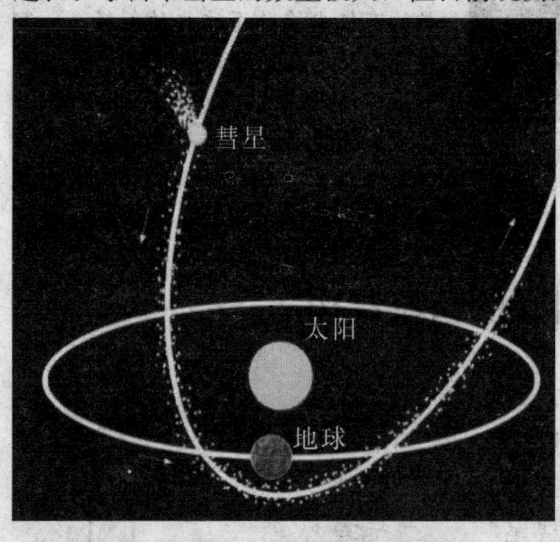

◆哈雷彗星轨道示意图

彗星的轨道有椭圆、抛物线、双曲线三种。轨道为椭圆的彗星能定期回到太阳身边，称为周期彗星，另两种轨道终生只能接近太阳一次，而一旦离去，就会永不复返，叫非周期彗星。非周期彗星或许原本就不是太阳系成员，它们只是来自太阳系之外的过客，无意中闯进了太阳系，而后又义无反顾地回到茫茫的宇宙深处。周期彗星又分为短周期彗星和长周期彗星。大多数彗星的轨道拉得很长，有的远日点达2光年。彗星只有在近日点时才被看见，于是有人把周期彗星比作定期回归（近日点）的游子。我们把回归周期超过200年的叫做长周期彗星，反之则称为短周期彗星。短周期彗星又分为“木星族型”（回归周期小于20年）和“哈雷型”（回归周期大于20年而小于200年）。在目前发现的约100颗彗星中，长周

期彗星约占80%。

广角镜：深度撞击

1996年，美国三位科学家向美国国家航空与航天局提出了撞击彗星计划，以揭开彗星内部的秘密。1999年11月1日，这项史无前例的“炮轰”彗星计划正式启动，耗资3.33亿美元。2005年1月12日，“深度撞击”号彗星探测器成功发射。在7月4日撞击彗星前，“深度撞击”号走过了4.31亿千米的漫长太空之旅。

◆图为艺术家笔下的“深度撞击”想象图

2005年7月3日，美国国家航空与航天局“深度撞击”号探测器释放的撞击器“击中”目标——坦普尔1号彗星，地面控制大厅里一片欢呼，“炮轰”彗星大片正式上演，整个程序花了3.7秒。撞击器轰上坦普尔1号彗星的彗核，瞬间爆发的威力相当于4.4吨的炸药爆炸。撞击会在其表面砸出一个足球场大小的坑，直径长达100米左右，深度达5～45米。撞击造成彗核表面的冰雪、尘埃等溅起，整个过程好比在太空释放超级“焰火”。

揭开敬畏之谜

彗星是夜空中最显眼的天体，它们与茫茫夜空中的其他任何天体都不一样。大多数天体有规律地穿梭于天空之间，且时间间隔是可以预测的，正是由于这种规律性，古人绘制出一个个星座。与这些天体相反，彗星的活动总是难以捉摸，根本无法预测。这使得许多古代的人们认为上帝授意了彗星活动，将它们作为信使派了出来。

上帝究竟想向人们传递什么信息？有些古人通过他们看到的彗星留下

的轨迹试图获得某种暗示。例如，在一些古人看来，彗星尾巴的外观看上去像女人的头部，身后披着瀑布般长发。据说，这个令人悲痛的象征意味着那些将彗星派往地球的众神们心情不悦。还有人认为，拖着长尾巴的彗星看上去像一把燃烧的宝剑滑过夜空，是战争和死亡的典型象征。

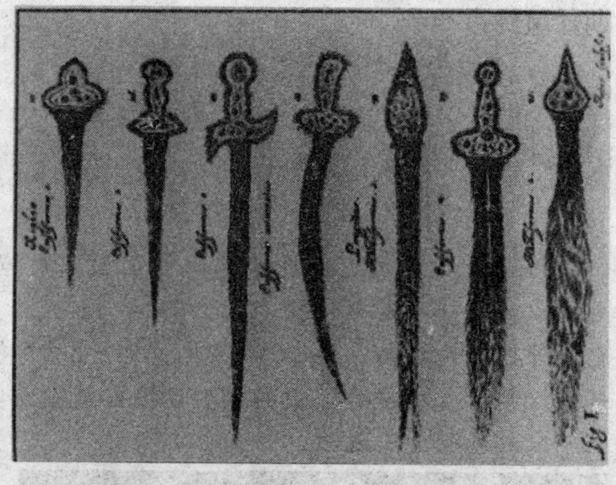
◆彗星的各种形状，插图来自波兰天文学家约翰·赫维留的作品。他把彗星想象成一把一把的刀

上帝发出这样的信号无外乎警告说，他们的愤怒不久将会发泄到地球居民身上。这种解释使得那些看到彗星滑过夜空的人感到心神不定。当然，彗星的外观不仅仅能引起人们的恐惧。古老传说也影响着人类对彗星既敬畏又恐慌的心理。古罗马著作《西比路神谕》曾谈到“天空中燃起了大火，火球落向地面”。古代最著名的神话、巴比伦《吉尔伽美什史诗》也描述了伴随彗星而来的火灾、硫磺和洪水。

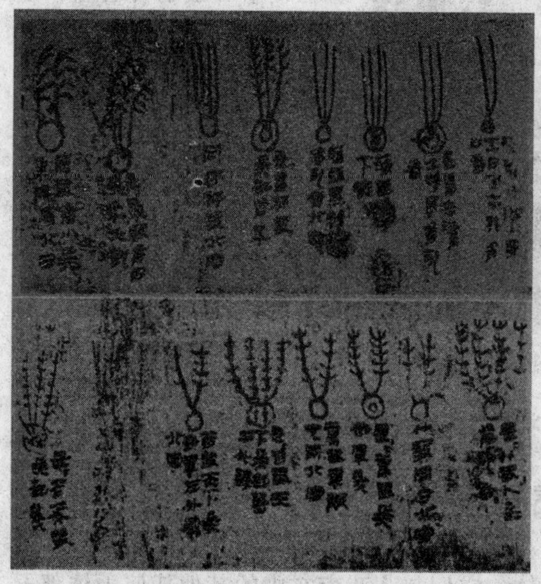
◆完成于公元前300年左右的马王堆帛书，被誉为是展示彗星外形和各种与其相关灾难的“教科书”

◆描写4世纪彗星破坏性影响的木刻画，是斯塔尼劳斯·卢别尼特斯基于1668年在阿姆斯特丹创作

◆此图显示的是德国奥格斯堡市夜空中出现的代号为1680、1682和1683的彗星场景

居住于西班牙的犹太人莫斯·本·纳赫曼曾这样描述彗星的出现：上帝从基玛带来了两颗星，将它们抛向地球，引发一场大洪水。古代雅库特人传说将彗星称为“恶魔之女”，无论何时靠近地球，都会带来破坏、风暴和严寒。地球上很多文化都给彗星打上了恐怖、恶魔的烙印，从而在之后的岁月里，每当人们看到彗星出现，总会引发巨大恐慌。

据古罗马人记载，在凯撒遭暗杀当天，彗星活动频繁，还有一次则是庞培和凯撒之间的血战，彗星同样在夜空滑过。在英国，黑死病的爆发也被安在了哈雷彗星的头上。在南美洲，印加人甚至记载，在弗朗西斯科·皮萨罗野蛮征服印加帝国前几天，天空中出现了彗星，这被视为皮萨罗到来的预兆。

彗星和灾难之间的关系错综复杂，梵蒂冈教皇加里斯都三世甚至将哈雷彗星作为罪恶工具开除出教。然而，在伊斯兰教中，来自彗星的陨星却是最受尊崇的天体之一。如果不是中国古人喜欢一丝不苟地对彗星的活动进行跟踪记载，人类也许永远无法对彗星做到真正的理解。与西方天文学家不同，中国天文学家对彗星的出现、轨迹以及消失保存有大量记录。

现在，多数人看到彗星不再心生恐惧感，不过从好莱坞到对世界末日的迷信，彗星仍旧可以在世界的每个角落引起不安。

研究人员找到了大量年代可追溯至中国汉代的彗星地图集，上面将彗星描述成“长尾野鸡星”或“扫把星”，并将彗星的不同形状与各种灾难联在一起。尽管中国人也将彗星视作不祥之兆，但他们有关彗星的大量记录为日后天文学家揭开彗星的真实面纱提供了宝贵资料。

广角镜：彗星是怎么形成的?

彗星的起源是个未解之谜。有人提出，在太阳系外围有一个特大彗星区，那里约有1000亿颗彗星，叫奥尔特云，由于受到其他恒星引力的影响，一部分彗星进入太阳系内部，又由于木星引力的影响，一部分彗星逃出太阳系，另一些被“捕获”成为短周期彗星；也有人认为彗星是在木星或其他行星附近形成的；还有人认为彗星是在太阳系的边远地区形成的；甚至有人认为彗星是太阳系外的来客。

◆奥尔特云

1. 彗星的尾巴为什么会随着时间呈周期性的变化?
2. 彗星是怎样形成的?
3. 如果彗星撞上地球，会产生怎样的危害?
4. 结合课外阅读，说说古代的人们为什么对彗星如此恐惧?

解码天文奇观

宇宙间的灾难——小行星撞地球

在1801年1月的第一天，朱塞普·皮亚齐发现了一个天体，起初他认为这又是一颗彗星。但当它的运行轨道被测定后，却发现它不是彗星，而更像是一颗小型的行星。称它为克瑞斯（谷类和耕作女神），是西西里岛的谷粒美人。到了19世纪末已发现了几百颗。

◆谷粒美人克瑞斯

小行星是太阳系家族中的一类成员，它们的“个头”比大行星的卫星还小得多，一般分布在火星和木星的轨道之间——小行星带。它们的特点是体积小、质量小，最大的小行星直径不超过800千米。它们和大行星一样，沿着椭圆轨道绕太阳运行。

不均质的小行星

一开始天文学家以为小行星带中的小行星是一颗在火星和木星之间的行星破裂而成的，但小行星带内的所有小行星的全部质量比月球的质量还要小。今天天文学家认为小行星是太阳系形成过程中没有形成行星

的残留物质。木星在太阳系形成时的质量增长最快，它阻止了在今天小行星带地区另一颗行星的形成。小行星带地区的小行星的轨道受到木星的扰动，不断碰撞和破碎。破碎的物质被逐出它们的轨道并与其他行星相撞。大的小行星在形成后由于铝的放射性同位素^{26}Al的衰变而变热。重的元素如镍和铁在这种情况下向小行星的内部下沉，轻的元素如硅则上浮。这样一来就造成了小行星内部物质的分离。在此后的碰撞和破裂后所产生的新的小行星的构成也因此而不同。这些碎片有些后来落到地球上成为陨石。

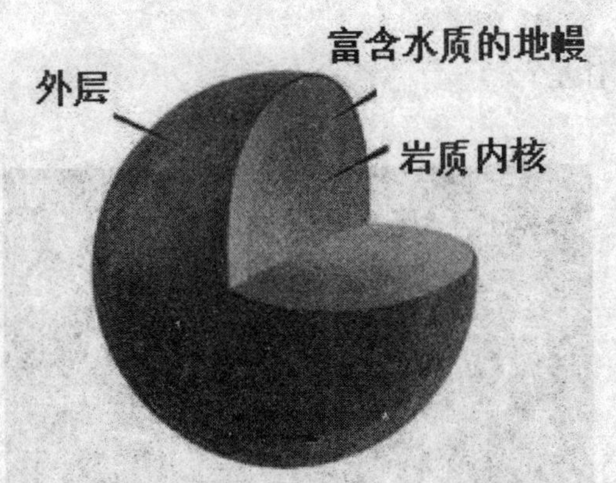

◆小行星谷神星剖面图，其中外围是一层富含水质的地幔，覆盖在内部岩质内核之上

至今已发现了7000多颗小行星，现在这个数字仍以每年几百颗的速度增长。毫无疑问，必定还有成千上万的小行星由于太小而无法在地球上观察到。就现在已知的，有26颗小行星的直径大于200千米。对这些可见的小行星的观测数据已基本完成，就我们所知，大约99%的小行星的直径大于100千米。对那些直径在10～100千米之间的小行星的编录工作已完成了一半。但我们知道还有一些更小的，或许存在着近百万颗直径为1千米左右的小行星。

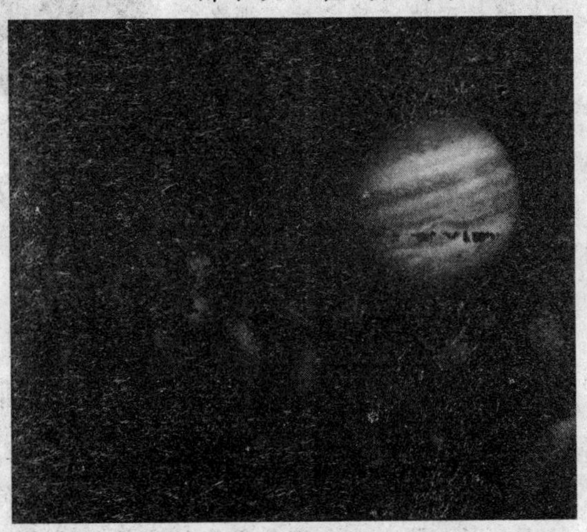

◆火星和木星之间的小行星带

小资料：如何称呼小行星？

小行星的名字由两个部分组成：前面的一部分是一个永久编号，后面的一部分是一个名字。每颗被证实的小行星先会获得一个永久编号，发现者可以为这颗小行星建议一个名字。这个名字要由国际天文学联合会批准才被正式采纳。因此有些小行星没有名字，尤其是永久编号在万以上的小行星。假如小行星的轨道可以足够精确地被确定后，那么它的发现就算是被证实了。在此之前，它会有一个临时编号，是由它的发现年份和两个字母组成，比如2004 DW。第一颗小行星的正式名称是小行星1号谷神星。随着越来越多的小行星被发现，最后古典神的名字都用光了。因此后来的小行星以发现者的夫人的名字、历史人物或其他重要人物、城市、童话人物名字或其他神话里的神来命名。

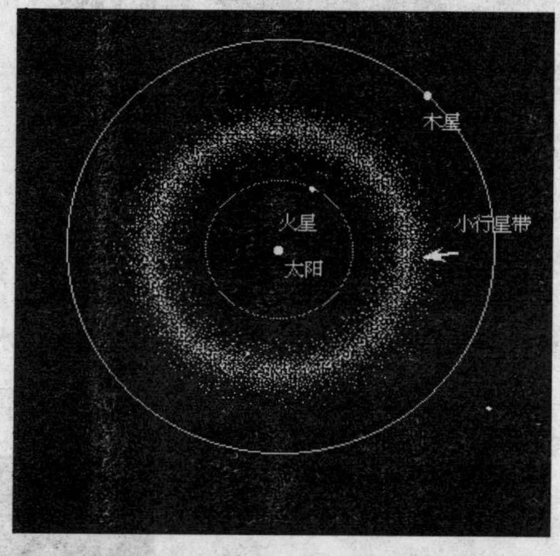

◆小行星带示意图

人类对小行星探测的历程

在进入太空旅行的年代之前，小行星即使在最大的望远镜下也只是一个针尖大小的光点，因此它们的形状和地形仍然是未知的奥秘。

第一次获得小行星的特写镜头是1971年水手9号拍摄到的火卫一和火卫二照片，这两个小天体虽然都是火星的卫星，但可能都是被火星捕获的小行星。这些图像显示出多数的小行星不规则、像马铃薯的形状。之后的旅行者计划从气体巨星获得了更多小行星的影像。

第一张真正的小行星特写镜头是由前往木星的宇宙飞船伽利略号在1991年飞掠过的盖斯普拉。

◆盖斯普拉是第一个被拍摄到特写镜头的小行星

第一个专门探测小行星的太空器是尼尔一苏马克，它在前往爱神星的途中，于 1997 年拍摄了玛秀德，在完成了轨道环绕探测之后，在 2001 年成功地降落在爱神星上。

曾经被宇宙飞船在其他目地的航程中短暂拜访过的小行星还有布莱尔（“深空” 1 号于 1999 年）和安妮法兰克（“星尘” 号于 2002 年）。在 2005 年 9 月，日本的宇宙飞船“隼鸟”号抵达小行星“丝川”做了详细的探测，并且可能携带回一些样品回地球。“隼鸟”号的任务曾遭遇到一些困难，包括三个导轮坏了两个，使它很难维持朝向太阳的方向来收集太阳能。

◆1997 年拍摄的玛秀德

◆“隼鸟”号探测小行星“丝川”示意图

链接：太阳系早期的“活化石”

小行星虽然很小，但是它们在以往的天文学研究中却曾起过重要的作用。譬如，1873 年，德国天文学家伽勒利用 8 号花神星冲日，1877 年英国天文学家吉尔利用 4 号灶神星冲日测定日地距离，都得到了精确的结果。1930～1931 年，433 号爱神星大冲时，国际天文学联合会组织了空前规模的国际联测，得到了三角测量所能达到的最精确的日地距离数值 14958 万千米。

另外，利用小行星还可以测定行星的质量。当某颗小行星接近大行星时，大

行星对它的摄动作用必然影响其轨道，从它轨道的微小变化中可以算出行星的实际质量。

小行星还为研究太阳系起源和演化提供重要线索。按照现代太阳系形成理论，太阳系是在46亿年前由一团混沌星云凝聚而成的。而当初星云形成太阳系的具体过程已无法从地球或其他行星上找到痕迹了，只有小行星和彗星还保留着许多太阳系形成初期的状态，因此它们被天文学家称为太阳系早期的“活化石”。

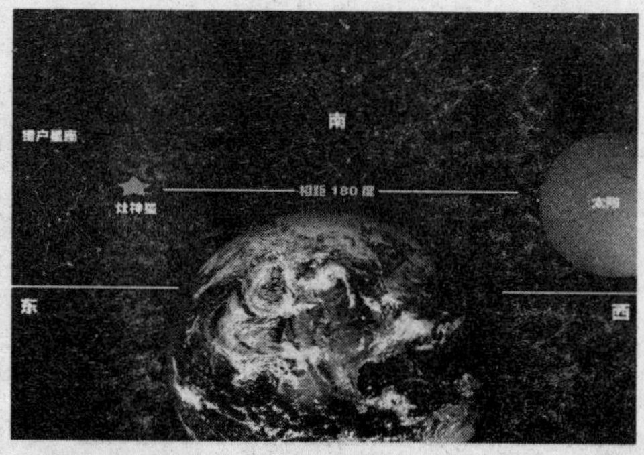

◆当灶神星与太阳、地球三者成一直线，“冲日”就发生了

广角镜：一些小行星上可能曾熔浆涌动

英国科学家对一些陨石的研究表明，太阳系形成早期，一些小行星上可能也熔浆涌动，促使其物质像其他星体那样出现了熔融和分异。在太阳系形成最初的几千万年里，岩石和放射性同位素残骸的碰撞，使大的星体内部融化。当时，月球、地球和其他太阳系行星和恒星上都熔浆汹涌，使高密度物质沉积到星体的中心位置，这个过程被称为分异。不过，小行星在这个过程中的经历至今尚没有解释。

◆小行星上可能曾熔浆涌动

小行星撞击地球

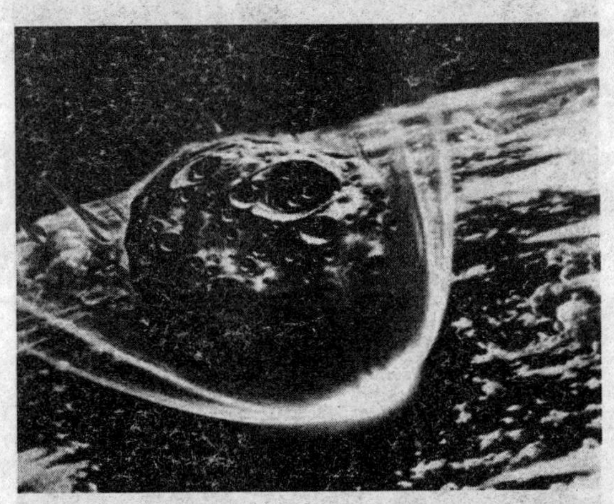

◆小行星撞地球示意图

1980年，有两位科学家研究了白垩纪和第三纪地层中间的一薄层黏土，发现其中含有大量的铱。而在地球上，铱很罕见，小行星中却十分丰富。因此他们提出：在白垩纪末，大约距今6500万年前，地球曾遭到一个巨大小行星的碰撞，从而导致了恐龙的灭绝，这也是恐龙灭绝的假说之一。

几年前，地质学家在中美洲墨西哥的尤卡坦海岸发现了一个水下陨石坑，他们判断说，这里很可能就是地球遭小行星碰撞的地点。

1993年，两位科学家根据电子计算机模拟认为，以前假定的大量小粒子碰撞的积累而导致地球自转是不可能的。他们提出了在40亿年前，曾发生过一次像火星一样大的天体碰撞了地球，从而使地球开始了自转，并由

◆恐龙的灭绝与小行星有关?

此产生了月球。这也是月球形成的假说之一。

1993年6月，科学家们发现了一个新的小行星带，其中有许多直径小于50米的小行星正沿着离地球很近的轨道在绕日运行。有人担心它们会对地球构成威胁，但科学家们的计算表明，这些直径小于50米的任何小行星在进入大气层后，都会燃烧殆尽，因此不会给地球带来任何灾难。

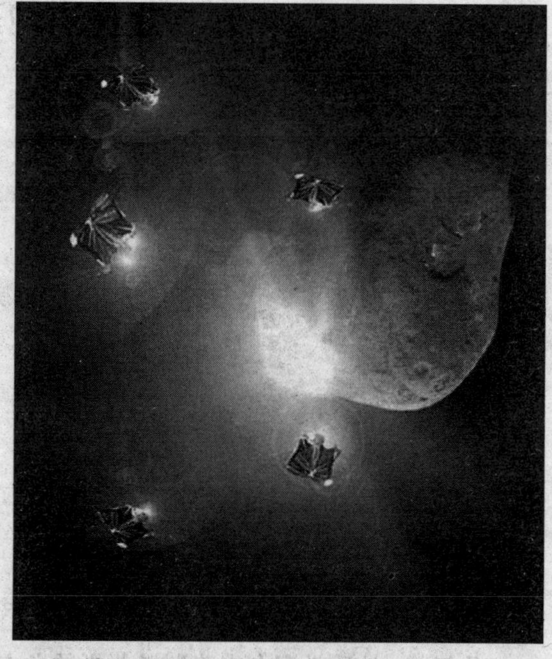

◆产生一种推力将小行星推离轨道

值得注意的是，1983年，又一颗小行星被发现，命名为“1983tv”。英国天文学家在计算了这颗小行星的轨道之后，发表了自己的看法：如果“1983tv”不改变其运行轨道，将在2155年与地球相撞，可能给人类带来灾难。

目前最重要的是，首先精确地计算出这颗小行星的运行轨道，对于2155年碰撞地球一说得出一个准确的结论。在没有全世界天文学家共同得出结论之前，它始终只是一个“相撞之谜”。

广角镜：一颗小行星近距离掠过地球

2009年11月6日，一颗小行星以非常近的距离从地球身边擦身而过，而当时两者之间最近的距离只有约1.4万千米。更为令人后怕的是，天文学家在小行星最接近地球仅仅15（小）时之前才发现这一飞向地球的小天体。据天文学家介绍，这颗小行星名为“2009 VA”，直径大约为7米。它的轨道

◆1908年，一颗差不多大小的天体撞向了地球表面的西伯利亚地区，将3108平方千米的森林夷为平地

与地球的距离比月球轨道要近30倍，月球轨道大约位于38万千米之外。不过，天文学家认为，即使这颗小行星与地球正面相撞，也不可能对地球造成太大的影响，因为当它穿越大气层时就可能会被燃烧殆尽。美国亚利桑那大学“卡特琳娜巡天系统”首先发现了这一目标，然后位于马萨诸塞州剑桥的国际小行星中心对其身份进行了识别，美国国家航空与航天局的专家最终为其定性。

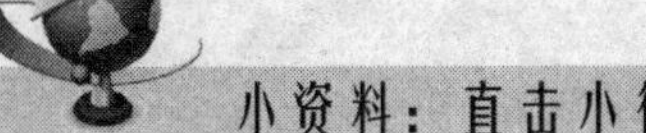

小资料：直击小行星正面碰撞

美国国家航空与航天局哈勃空间望远镜于2010年初在小行星带中观测到一个神秘的X形状太空残骸，而且这个残骸还拖着长长的尘埃状尾巴。天文学家认为，这一现象表明该区域刚刚发生过一起两颗小行星正面碰撞事件。尽管天文学家长期以来一直认为小行星带中经常发生这种相互碰撞事件，但是此前从未观测到过真正的小行星正面碰撞并破碎的场景。

哈勃空间望远镜分别于1月25日和29日拍下了一系列图片。图片显示，在神秘天体的内核附近存在一种复杂的X形状细丝结构。这一结构与普通彗星平滑的尘埃包层完全不同，这些细丝由尘埃和砂砾组成。科学家推测，这些尘埃和砂砾可能最近才被抛出天体的内核。其中一些尘埃和砂砾被阳光的辐射压力所席卷，从而形成了整齐的尘埃条纹。这个复杂的残骸尾迹极有可能是两个天体相互

碰撞的结果，而不是由一个母体的冰质融化所形成的。近期就可能发生过两个此前未知的小型天体碰撞事件，从而形成了大量的残骸碎片。这些残骸碎片受到太阳光的压力，于是就在碰撞地点形成了一条长长的尾巴。

◆哈勃首次拍到两颗小行星正面碰撞残骸

1. 在茫茫宇宙中，小行星分布在哪里?
2. 小行星曾经和地球有过碰撞吗?
3. 说说人类对小行星的探测历程?
4. 通过课外阅读，你能说出几个以中国人命名的小行星吗?

都是月亮惹的祸——日食和月食

“两千年等待着的一个神话，在大地上空阳光和月亮拥抱，它们羞涩地拉上天堂的窗帘，演绎古老的爱，可屋内的炉火，瞬间燃烧了黑暗。一次相聚，又将开始新的神话。”——《黑暗的相聚》

日食是如何发生的？

◆古代几乎所有的民族都认为日食是一种凶兆

对古代人而言，日食是十分可怕的。如果你能了解太阳对粮食耕种、日常生活的影响，你就会关心天上的太阳为什么突然不见了。中国古代认为日食是因为一条龙吞掉了太阳，其他的文明也认为这是不祥之兆，有许多“解决方法”：打鼓、朝天空射箭、拿物或人祭祀等。

其实，日食只是一种天文现象，只在月球运行至太阳与地球之间时发生。这时，对地球上的部分地区来说，月球位于太阳前方，因此来自太阳的部分或全部光线被挡住，因此看起来好像是太阳的一部分或全部消失了。日食只在朔，即月相呈现新月、月球与地球呈现下合状态时发生。

万 花 筒

持续时间最长的日食和月食

1955 年发生在费城西部持续时间为 7 分 8 秒的日食是近年最长的一次。据预测，2186 年大西洋中部地区将发生一次持续时间 7 分 29 秒的日食。月食持续的最长时间为 1 小时 47 分。2000 年 7 月 16 日，在北美的西海岸人们看到这种景象。

日食可以分为三类：

日全食——太阳光球完全被月亮遮住，原本明亮的太阳圆盘被黑色的月球阴影遮盖。然而，也只有在日全食发生时才可能用肉眼观测到模糊的日冕。日全食通常只能在地球上一块非常小的区域见到，因为月亮的本影对太阳来说只是一个小点。（在全食区之外，所见的食相是偏食。）

日偏食——造成日偏食的原因是因为观测者位于月球的半影区中，观测者会看见一部分的太阳被月球的阴影遮盖，但另一部分仍继续发光。太阳和月球只有部分重合，依据两者中心的视距离（太阳被月球遮盖的最大直径）远近来衡量食的大小。通常日偏食是伴随着其他食相发生，如日全食。

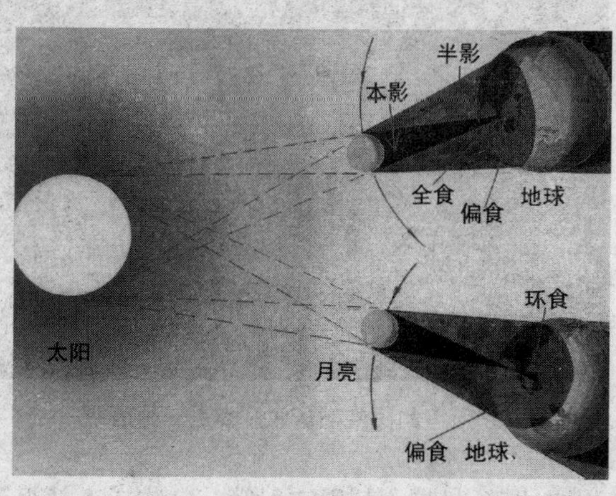

◆日全食、日偏食、日环食发生原理示意图

日环食——当月球处于远地点时，月球的本影锥不能到达地球，到达地球的是由本影锥延长出的伪本影锥。此时月球的视直径略小于太阳。因此，这时太阳边上的光球仍可见，形成一环绕在月球阴影周围的亮环。

解码天文奇观

动动手：用肉眼观看日食

◆观看日食

太阳是一个发出极度强光的天体，因此对日食进行观测时，千万不可用肉眼直接观看。最简易的观测方法是用两张卡片，至少一张是白色的卡片制作观测工具。

方法：用一根针在一张卡片上穿一个孔，用针把孔变大一些。背对着太阳，拿起另一张卡片（让白色的表面朝上）放在第一张卡片的下面。这时，太阳光就会穿过针孔照到第二张卡片上。调整两张卡片之间的距离使太阳光聚焦，你可以从底下那张卡片上看到日食的发展情况。

关于日食的趣味故事

日食与爱因斯坦

日全食之所以受重视，更主要的原因是它的天文观测价值巨大。科学史上有许多重大的天文学和物理学发现是利用日全食的机会得到的，最著名的例子是1919年的一次日全食，证实了爱因斯坦广义相对论的正确性。爱因斯坦1915年发表了在当时看来是极其难懂、也极其难以置信的广义相对论，这种理论预言光线在强大的引力场中会拐弯。人类能接触到的最强的引力场就是太阳，可是太阳本身发出很强的光，远处的微弱星光在经过太阳附近时是不是拐弯了，根本看不出来。但如果发生日全食，挡住太阳光，就可以测量出来光线是否拐弯，拐弯的幅度有多大。机会在1919年出现了，但日全食带在南大西洋上，很遥远，条件也很艰

苦。英国天文学家爱丁顿带着一支热情和好奇心极强的观测队出发了。观测结果与爱因斯坦事先计算的结果十分吻合，从此相对论得到世人的承认。

◆日食验证了爱因斯坦的相对论

最早的日食记录

公元前1217年5月26日，居住在我国河南省安阳的人们，正在从事着各种正常活动，可是一件惊人的事情发生了。人们仰望天空，之前光芒四射的太阳，突然产生了缺口，光色也暗淡下来。但是，在缺了很大一部分后，却又开始复原了。这就是人类历史上关于日食的最早记录。它刻在一片甲骨文上。我国古代对日食的观察，保持了纪录的连续性。例如在《春秋》这本编年史中就记载了公元前770年到公元前476年的244年中发生的37次日食。从公元3世纪开始对于日食的记录，更是一直延续到近代，长达一千六七百年之久。

◆早在《春秋》上就系统记载了日食的发生

实验：日食和月食的演示

1. 在桌上放一支蜡烛（代表太阳），一只手拿地球仪，另一只手拿皮球（代表月亮）。

2. 使“地球”围绕“太阳”转动，“月亮”绕“地球”转动

当“月亮”转到“太阳”与“地球”之间时（使三者处于一条直线上），“月亮”的黑影落在地球上，形成日食，如图（a）所示。当“月亮”运行到“地球”的背后，这时“地球”处在“月亮”与“太阳”之间（三者在一条直线上），“地球”挡住了“太阳”射向“月亮”的光线，形成月食。全部挡住是月全食，挡住一部分是月偏食。如图（b）所示。

◆日食和月食的演示

观

1. 你见过日食或者月食吗？

2. 日食和月食是怎样发生的，原理是什么？

3. 日食可以分为哪几种？月食可以分为哪几种？

4. 日食需要如何来观测，有哪几种方法？为什么不能直接用眼睛观看日食。

千古之谜——“天再旦”

古代曾出土一部书，叫《竹书纪年》，上面有句话：“懿王元年天再旦于郑。”其中记载了“天再旦”这个天文现象，这到底是怎么一回事呢？

揭秘“天再旦”

◆这是自懿王元年“天再旦”之后，于20世纪末在中国西北部地区发现的又一次“天再旦”，这是日食给人类造成一天经历两个早晨的感觉

现代天文学家分析“天再旦”现象出现的概率是1000年一次。1997年3月9日，中国新疆北部在天亮之际发生所谓“天再旦”的日全食，由60位观测者从18个不同地点亲身体验这种现象。

有专家认定，这是一种奇异的天象，从字面看，意谓“天亮了两次”。在什么情况下才会“天亮两次”呢？只有在太阳出来前，天已放亮，或者太阳刚好在地平线上，忽然发生了日全食！这时，天黑下来；几分（钟）后，全食结束，天又一次放明。这就是“天亮两次”——“天再旦”。

广角镜："天再昏"天文奇观

◆2008年8月1日在中国发生的"天再昏"天文奇观

天再昏，同一天接连出现两次天黑的情况。在太阳落山前后，当第一次天逐渐变暗时，天色突然又亮了，接着又开始第二次的天黑。通常是在日落前发生日全食所引起的天文奇观。

古书《墨子·非攻下》记载，禹伐三苗时曾出现"日妖宵出"的怪异天象，古本《竹书纪年》则释为"日夜出，昼日不出"。经研究，禹伐三苗的地点在今湖北江汉平原一带。学者们认为，所谓"日夜出"可能是指傍晚时分发生的日食。因此，对"天再昏"的观测将对研究夏初的年代学具有很重要的意义。

2008年8月1日在中国发生一次日全食现象，中原地区可以观测到罕见的"天再昏"这种天文奇观，西北地区就在比较早的时候看到日全食了。观测"天再昏"要集中于天光的亮度变化，特别是天光"变暗—变亮—再次变暗"的过程。

推算古天象记录

借助计算机和专业软件，现代天文学已经可以推算古天象记录。科学家对相关时代的日食状况作了详细计算，提出发生"天再旦"的懿王元年为公元前926年或899年。而美国加州理工学院三位科学家的计算结果更为具体："懿王元年天再旦于郑"指的是公元前899年4月21日凌晨5时48分发生的日食，陕西一带可见。而"郑"是今天的陕西华县或凤翔。看来，公元前899年就是懿王元年，问题似乎解决了。

现在，"天再旦"遇到的也是个日全食问题。虽经数学推算，同样缺乏实际验证。懿王元年的纪年确定，完全依赖"天再旦"三字，但它真的是由日全食导致的“天亮两次”吗？

◆“天再旦”这种天文奇观为天文爱好者提供了绝佳的观察天文的机会

真幸运！1996年7月26日，“懿王元年”专题组科学家预报：1997年3月9日，我国境内将发生本世纪最后一次日全食，其发生时间在新疆北部正好是天亮之际。于是科学家从多角度观测这次日食，以印证“天再旦”的视觉感受，并使感受得到量化的理论表达。

历史趣闻

验证“天再旦”

1997年3月9日，日全食发生了。观测结果是：日出前，天已大亮，这时日全食发生，天黑下来，星星重现；几分（钟）后，日全食结束，天又一次放明。这一过程证实了通过理论研究得出的天光视亮度变化曲线，与实际观测的感觉一致，印证“天再旦”为日全食记录是可信的。所以，可以确定公元前899年为懿王元年。

众所周知，太阳出来后，天光随太阳的地平高度而变化。由于大气散射，太阳在地平线以下时，天空就开始亮了。这是一个复杂的过程，很难定量表达，却又必须定量表达。因此，科学家对22个日出过程作了450次测量，并通过天体力学方法进行计算，得出一个可对日出时的日食现象进行数学描述的方法：日全食发生时，当食分大于0.95，食甚发生在日出以后，就会发生很明显的天光渐亮、转暗、再转亮的过程，即“天再旦”现象。

小故事：验证广义相对论

科学不能只有孤证。例如医学，有了一种新药，仍然需要临床证据，才能

◆爱丁顿和爱因斯坦历史性的会面

在药店出售。当年，爱因斯坦在“计算”出广义相对论后，也遇到了同样的问题。

广义相对论预言了一个新现象：引力场会使光线偏离。爱因斯坦计算出，恒星发出的光线，如果掠过太阳表面，光线偏转角度为1.7秒。这就是说：空间是弯曲的，宇宙是有限的。但怎样证明呢？白天，阳光强烈，但看不见星星；晚上能看到星星，但太阳又下山了。怎样才能在有太阳的时候看到星光呢？只有在日全食的时候。这时，月亮遮住太阳，瞬时间，仿佛夜幕降临，紧挨着太阳的星光清晰可见。

当年，据说相信广义相对论的只有两个人，一个是爱因斯坦本人，另一个是英国剑桥大学天文学教授爱丁顿。为此，后者亲率远征队，来到非洲西部的普林西比岛，1919年5月29日将发生一次日全食，那里是最佳观测和拍照地点。时候到了，日全食发生了，在302秒的日食时间里，他拍摄了16张照片。结果显示：太阳周围那十几颗星星，都向外偏转了一个角度！星光拐弯了，广义相对论得到了证实！

拓展思考

1. “天再旦”最早记载于那本古书上，是如何描述的？

2. “天再旦”、“天再昏”这种天文现象是怎样发生的？

3. 你听说过爱因斯坦的相对论吗？

4. 通过课外阅读，你知道下一次可能发生“天再旦”的时间是什么时候吗？

神奇天象——土星合月

2005年2月20日，土星悄然来到“月姑娘”身旁拜个晚年，并向世人献上自己的绝活——“草帽舞”。天文机构此前预测，头戴“大草帽”的土星届时会依附月亮近距离展现“星姿”，人们可以用肉眼清晰地见到这幕“土星合月”的天文趣象。

苍穹上演“星月童话”

所谓土星合月，即是土星和月亮正好运行到同一经度上，两者间的距离最近。2005年2月20日晚7时至8时许，呈大半个圆形的月亮将与土星如恋人般相依相偎，土星的亮影加上临近元宵节的纯白色月光给人一种惊艳的视觉享受。

◆长的像草帽的土星

由于月球在围绕地球公转，因此它每月相对于恒星背景大约由西向东运行一周。通常情况下，我们所说的“合月”是广义上的，即月亮正好运行到一颗亮星附近几度时，就可以说这颗星合月或月合这颗星。从地球上观看，如果两者距离足够近的

话，月亮还会把行星遮挡住，形成“月掩行星”。

2月21日晚20时，月亮与土星从东方升起

◆月亮运行到狮子座中，与土星的角距离仅3°左右。同时，一等星轩辕十四距离它们也不远

土星是肉眼易见的大行星中离地球最远的，在望远镜中，其外形像一顶草帽，光环很宽但很薄。土星冲日后的一段时间内，土星都将在傍晚出现在东方天空，午夜时分到达南中天，黎明前落到西方天空。“土星合月”并非相当罕见的天象。当一弯残月冉冉升起时，在月亮上方约8度处，黄色的土星与之相伴，两者紧密接触，似乎在窃窃私语、情话绵绵，令人浮想联翩。这种天文奇观在2010年1月7日又在天空上演。

链接：土星冲日

当某颗地外行星与太阳分居地球两侧，三者在地球公转轨道平面上，看上去成一条直线，也就是说该行星冲日。土星直径约为12万千米，是地球的9倍多，体积在太阳系中排第二，但它的密度是八大行星中最小的。土星绕太阳公转一圈大约需要29.5个地球年，根据公式可以计算出其会合周期约为378天，也就是说它的冲日间隔差不多是1年零13天。冲日时，太阳落下，土星就会升起，而到次日黎明太阳升起时它才会落下，因此

◆木星合月时美丽的景象

是观测的好时机。

1. 在天文学上，什么叫“冲日”？
2. 土星和地球，哪个距离太阳近？
3. 土星冲日的发生原理是什么？
4. 结合课外阅读，什么时候天空还会上演“土星冲日”？

月亮熔化了吗？—— 月亮蜃景

◆月亮真的熔化了吗？

月亮，也称月球，古称太阴，是指环绕地球运行的一颗卫星。年龄大约有46亿年。它是地球唯一的一颗卫星和离地球最近的天体，与地球之间的平均距离是384400千米。最近有人拍到一个“熔化了的月亮”。月亮真的熔化了吗？是什么原因造成它“熔化”的？下面，让我们一起揭开它的真相。

月亮蜃景

这组照片拍摄于傍晚时分，光线掠过不同空气层的边界时出现变形，产生了第二个月亮紧紧依附于第一个月球的幻景。几分（钟）后，两个月亮分开，稍微靠下的“月亮”重新滑入大海。法国科幻小说家儒勒·凡尔纳根据其独特的外形，给这种罕见的自然现象起了一个极为形象的名称——“伊楚利亚花瓶”。

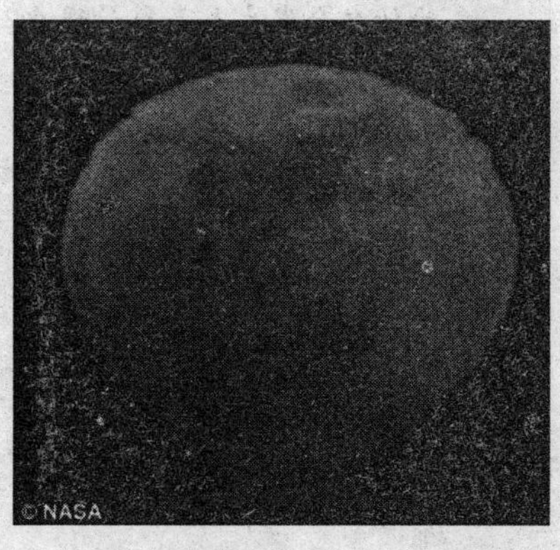

◆一位名叫约翰·斯特森的美国业余摄影师拍摄到一组月亮蜃景的壮观照片

出现这种奇观的原因是：经过一天的阳光照射，海面在下午开始升温，在

这种条件下，一个温度高的反常的空气层恰好漂浮在海面上。此时海水温度达到相对缓和的 4 摄氏度，而海面以上空气温度却只有零下 8 摄氏度，当满月的光线照射到这一冷一热空气层之间的边界，光线的路径会变形，于是产生了出现第二个月亮的幻景。这种现象类似于高温天气下路面水坑产生的幻景一样。

◆月亮的下端像是熔化了一样

为什么会发生月亮蜃景现象？

天赐美景——美丽北极光

北极光是出现于星球南、北极的高磁纬地区上空的一种绚丽多彩的发光现象。而地球的极光，由来自地球磁层或太阳的高能带电粒子流（太阳风）使高层大气分子或原子激发（或电离）而产生。北极附近的阿拉斯加、北加拿大北部是观赏北极光的最佳地点。

预示厄运的“北极光”

极光来源于拉丁文伊欧斯一词。传说伊欧斯是希腊神话中“黎明”的化身，是希腊神泰坦的女儿，是太阳神和月亮女神的妹妹。当人类第一次仰望天际惊见北极光的那一刻开始，北极光就一直是个“谜”。长久以来，人们都各自发展出自己的极光传说，比如在芬兰语中，北极光则被称为“revontulet”，直译过来就是狐狸之火。古时的芬兰人相信，因为一只狐狸在白雪覆盖的山坡奔跑时，尾巴扫起晶莹闪烁的雪花一路伸展到天空中，从而形成了北极光。此外，部分萨米人和西伯利亚人相信北极光来自于逝者的创伤，不过这多彩的天空并

◆魅力北极光

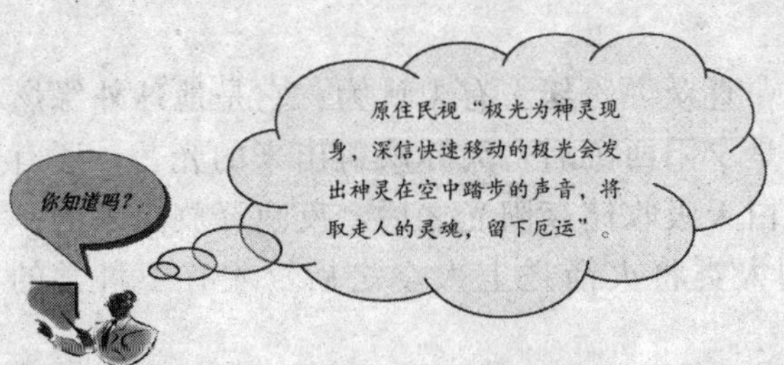

不是痛苦的征兆，相反的，而是幽灵们在后世玩球类运动或骑马奔跑时受伤所留下的血迹。而爱斯基摩人认为“极光是鬼神引导死者灵魂上天堂的火炬”。

小资料：极光在哪“现身”？

极光最常出没在南、北磁纬度67°附近的两个环状带区域内，分别称作南极光区和北极光区。北半球以阿拉斯加、加拿大北部、西伯利亚、格陵兰冰岛南端与挪威北海岸为主；而南半球则集中在南极洲附近。值得一提的是：北极附近的阿拉斯加、加拿大北部是观赏极光的最佳地点，阿拉斯加的费尔班更赢得“北极光首都”的美称，以其寒冷的冬季与夏季的长时间光照而闻名，一年之中有超过200天的极光现象，人们去那里是为欣赏它那壮观景象并目睹每晚都会出现的极光奇观。

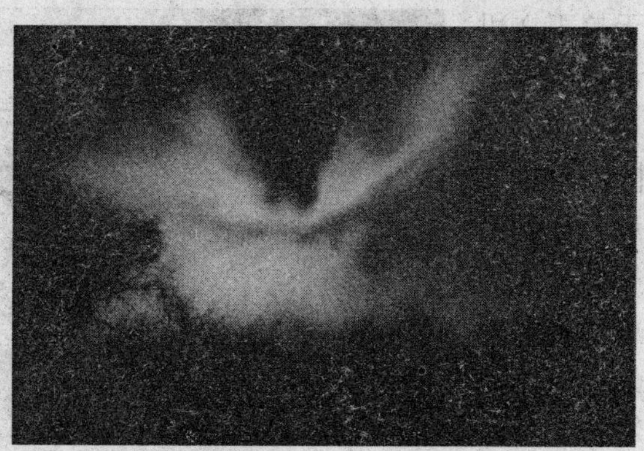

◆极光瞬间变动的形体

极光是怎样形成的？

长期以来，极光的成因一直众说纷纭。有人认为：它是地球外缘燃烧的大火；有人则认为，它是夕阳西沉后，天际映射出来的光芒；还有人认为，它是极圈的冰雪在白天吸收储存阳光之后，夜晚释放出来的一种能量。这天象之谜，直到人类将火箭送上太空之后，才有了科学的解释。

长久以来极光的神秘一直是人们极力想要了解与探索的，在 20 世纪，人们利用照相机、摄影机及卫星，才能清楚地看到及了解到太阳能流与地球磁场碰撞产生的放电现象，它是一束束电子光河，在离地球 90 千米的天空，释放出 100 万兆瓦的光芒，但在科学不发达的时代，人们只有发挥无穷的想象力，来叙述这奇妙的大自然景色，因而有了许多古老的神秘传说。科学家柏克莱认为，太阳发出的带电粒子在太空中自由飞扬，当它们闯进地球磁场，与气体碰撞时发出的光芒，就是极光，他的理论直到 60 年后才得到证实。极光出现是否有声音？加拿大国内北极圈内的土著们说，北极光会发出口哨声和脚步声，那是灵魂在天堂踏雪散步的声音，还有太阳风撞击地磁场时释出的能量究竟有多大？等等，这都是科学家所急于想解开的谜，极光就像它本身一样，如烟如雾，让我们不禁感叹大自然的奇妙。

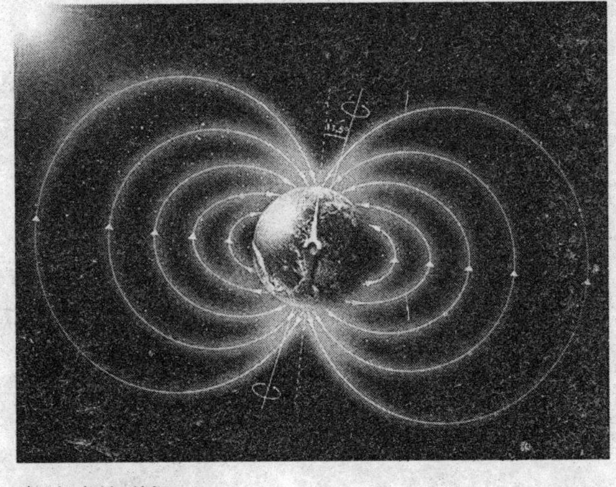

◆地球的磁场

◆太阳风影响地球磁场

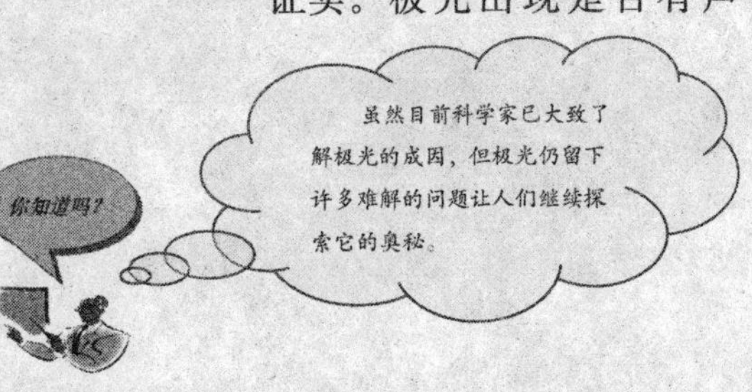

1. 极光一般会出现在哪些地方？
2. 说说极光出现的原理？
3. 你知道什么是太阳风吗？它对于地球有什么影响？

指环王——日晕奇观

有时候，在太阳或月亮周围会出现一道光圈，色彩艳丽，人们叫它“风圈”，气象上称晕。出现在太阳周围的光圈叫日晕，出现在月亮周围的光圈叫月晕。一般在晕出现后十几（小）时风雨才会到来，这便是“日晕三更雨，月晕午时风”的道理。

日晕奇观

◆月晕

日晕的出现，往往预示天气要有一定的变化。日晕是卷云、卷层云形成的环绕在太阳周围的彩色或者是白色的光环或光弧，色带排列内红外紫。日晕有时也被称为“日枷”，有全晕圈和缺口晕。据专家介绍，日晕是一种大气光学现象，是日光通过卷层云时，受到冰晶的折射或反射而形成。当光线射入卷层云中的冰晶后，经过两次折射，分散成不同方向的各色光。实际上，有卷层云时，天空飘浮着无数冰晶，在太阳周围的同一圆圈上的冰晶，都能将同颜色的光折射到我们的眼睛里而形成内红外紫的晕环。

知识窗

什么是"晕"?

天空中有由冰晶组成的卷层云时，往往在太阳周围出现一个或两个以上以太阳为中心内红外紫的彩色光环，有时还会出现很多彩色或白色的光点和光弧，这些光环、光点和光弧统称为晕。

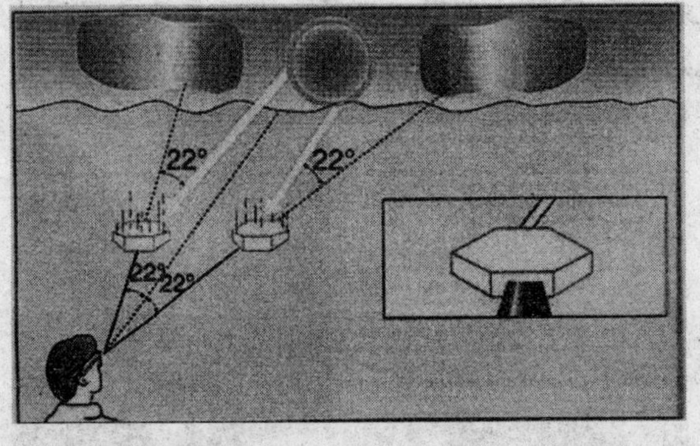

◆日晕形成示意图

当光环半径的对应视角在22°～46°时，人们可以肉眼观察到"日晕"现象。云层中冰晶含量越大，阳光产生折射后所呈现的"日晕"形状就越小，光环也就越显著，容易使人观察到；反之，则无法形成"日晕"，或者即使形成也无法在地面上清楚地观察到这一现象。"日晕"多出现在春夏季节。民间有"日晕三更雨，月晕午时风"的谚语，其意思就是若出现日晕的话，夜半三更将有雨，若出现月晕，则次日中午会刮风。日晕在一定程度上可以成为天气变化的一种前兆，出现日晕时天气有可能转阴或下雨。但说这种现象可以预兆今年气候的旱涝是没有科学依据的。日晕出现时，不要长时间用肉眼观看日晕，以免灼伤眼睛。

日晕形成的条件

日晕是一种大气现象，它形成的原因是在5000米的高空中出现了由冰晶构成的卷层云。卷层云中的冰晶经过太阳照射后会发生折射和反射等物理变化，阳光便分解成了赤橙黄绿青蓝紫等多种颜色，这样太阳周围就出现一个巨大的彩色光环，称为晕。如果在冬季，由于温度较低，卷积云或卷层云中含有大量的水蒸气，遇冷凝固，它就形成了这样的六棱形的小冰

晶。幻日的出现，是由于日晕两侧的对称点上，冰晶体变成无数面小镜子，这些小镜子纷纷反射阳光，显得特别明亮，便会出现几个太阳的虚像，这就是奇特的“幻日”了。如果气象条件合适，我们有时能看到太阳的上下左右对称点各有一个幻日，那天空就会有五个“太阳”了。

◆幻日现象

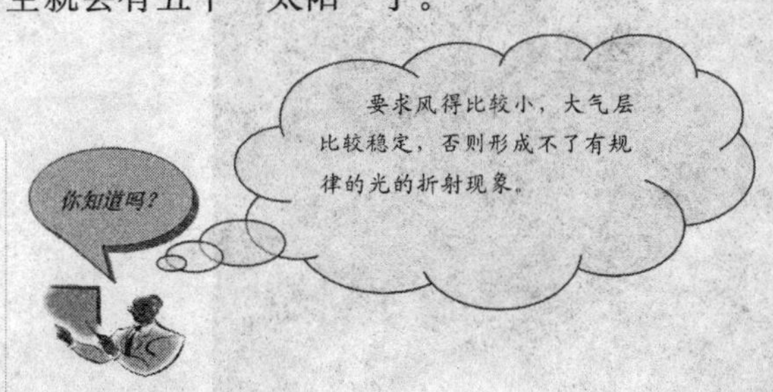

出现所谓的多日同辉这种天气现象，它所需要的气象条件是比较苛刻的，首先天空得有适量的云，因为云会产生几日同辉现象的物质载体，云太少了它形成不了，云太厚了会把光直接吸收掉。第二个条件就是空气中必须得有足够的水汽，以及大量的冰晶存在，这样才能产生光的折射。

广角镜：“毛月亮”——月晕

“月晕”是月光被云层折射，在月亮周围形成的光圈，可以作为天气变化的预兆。有“月晕而风，础润而雨”的说法。这是怎么回事？我们把月亮周围出现的光圈叫“月晕”。这是一种比较奇特的气象现象。晕圈的颜色一般是内红外紫的。月晕在古代称为毛月亮。

◆月晕

1. 你见到过天空发生日晕吗?
2. 天文学上的“晕”是指什么?
3. 日晕形成需要哪些条件?
4. 天空为什么会出现几个太阳的幻日现象? 它和日晕有什么区别和联系?

天下奇观——七星贯月

1962年2月5日，印度尼西亚的人欣赏到了这种百年不遇的美景：丽日蓝天，突然，夜幕降临，鸟飞犬吠，众星显现。太阳被月亮遮掩，呈现出一个银光环绕的“黑太阳”，月亮把阳光勾勒出一个黑圆的剪影，金、木、水、火、土五大行星围绕在太阳的身边闪耀，七曜济济一堂，近在咫尺，斗丽争辉。这一奇丽的景象持续了8分（钟）。这就是——“七星连珠”。

天文奇景——七星贯月

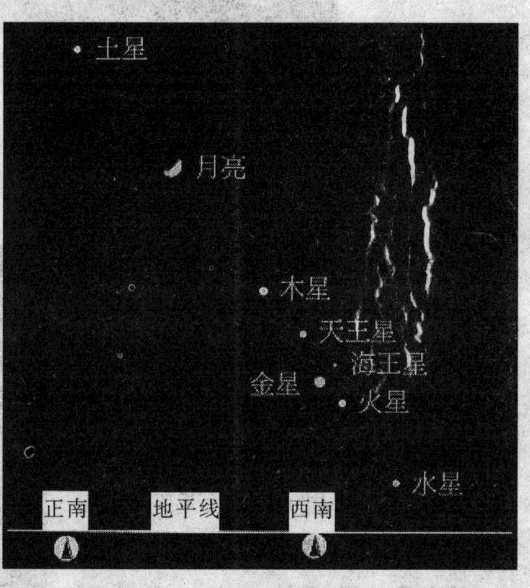

◆“七星贯月”示意图

2000年5月20日，夜空上可见一天文奇景——大部分太阳系的行星同时聚在西方地平线之上，黄昏则是欣赏此一现象的最佳机会，晚上5时40分左右，可看到七大行星（冥王星除外）与月亮排列在几乎一直线上。水星的位置最低，位于西南稍偏西的地平线上约7°之处，若沿着黄道往上，可陆续见到火星、金星、海王星、天王星、木星、月亮和土星，其中除了海王星和天王星必须使用天文望远镜才看得到之外，其他各星均可用肉眼见到。至于太阳系最外缘的冥王星，则位于西方地平线下约10°之处，无法同时被观测到。两天后的黄昏时，月亮将移到非常靠近土星的位置，之后，则距离各行星愈来愈远，同时，水星的位置也会愈来愈近太阳，在日光的影响之下，将无法观测。类似“七星贯月”的天文奇

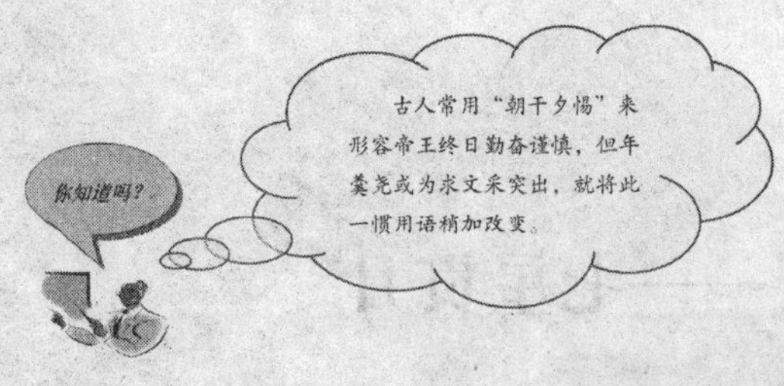

景，雍正三年（1725）也曾出现过，当时的权臣年羹尧为巴结皇上，就上疏称贺，疏中宣称这是“日月合璧，五星联珠”的大吉之兆，并附会称这是皇帝“夕惕朝干”所致。

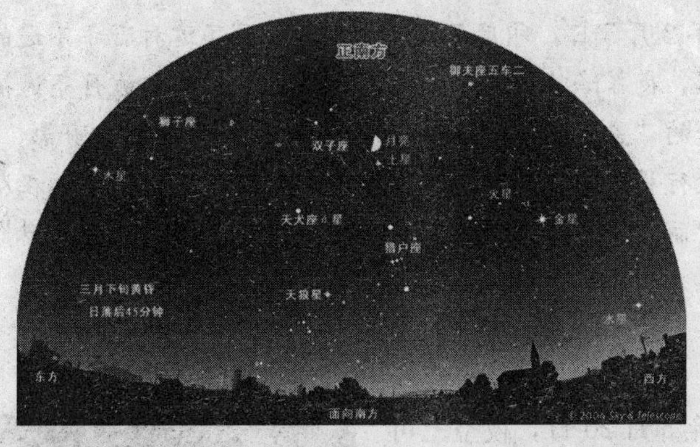

◆五星连珠

“七星贯月”多久出现一次？

◆七星连珠

科学家根据计算结果，选出了近 300 年间（1850—2150 年）7 个以上行星的“行星连珠”，θ 角（地球与其他行星的连线跟太阳与地球的连线构成的夹角）的最大值，把角度小于 13°的列入“行星连珠”，这种天象共有 17 次，距现在最近的一次“行星连珠”发生在 2000 年 5 月 20 日零时，θ 角 12.6°。此时，水星、金星、地球、火星、木星、冥王星排列在 12.6°的范围内，上一次“七星连珠”发生在 1965 年 3 月 6 日 9 时，水星、金星、地球、火星、土星、天王

星、冥王星排列在9.3°的范围内。2149年12月6日4时发生的将是“八星连珠”，其余16次都是“七星连珠”。2000年5月20日这样的“行星连珠”为30年一遇，就人的一生来说是少见的，但从时间的大尺度来看是频繁发生的，并不罕见。

由于各行星环绕太阳运行的周期不同，它们在天空中的排列组合呈现千姿百态。“七星连珠”是其中比较罕见的一种。根据美国天文学家计算，以七曜的张角小于30°来统计，从公元1年至3000年，一共发生39次“七星连珠”，其间隔从上百年到三四十年，平均77年出现一次；上次发生于1962年2月5日，下一次则要等到2040年9月9日。

广角镜：八颗行星会连成一线吗？

科学家告诉我们，要认定发生“九星连珠”的话，得把θ角扩大到15°，即使这样，“九星连珠”在6000年间也只发生一次，这就是2149年12月10日发生的“九星连珠”，θ角是14.8°，行星聚合在夜空特定范围。

太阳系内八大行星公转轨道面实际上对黄道面（地球公转轨道平面）各自略有倾斜，也就是说，就算“行星连珠”，这八大行星也不会排列在一条直线上，而是散落参差，所谓“行星连珠”只存在于人们心目中。从这个意义上说，“行星连珠”与其说是天文学的研究对象，不如说是人们感兴趣的“视觉现象”。没有任何影响。经测算，即使八大行星像拔河一样产生合力，其对地球的引力也只有月球引力的6000分之一，更何况它们不会排成一排。因此，灾难之说不成立。

1. 出现七星贯月的是哪七颗星星？
2. 为什么会出现七星贯月的天文奇观？
3. 太阳系的太阳和八颗行星会排成一直线吗？
4. 七星贯月多久出现一次？为什么会相隔如此长的时间？

地与木“亲密接触”——木星冲日

假日外出旅游，在夜晚又逢晴天，来到没有灯光干扰的暗处，观赏美丽的星空，将会感受宇宙的浩大与神奇，净化心灵，陶冶情操，这是神仙一般的精神享受，会给人生带来无穷乐趣。在本专题中，将向你介绍另一种天文奇观——冲日现象。

冲日是什么意思?

天文学家们把太阳系内的大行星分为两大类：以地球为基点，一类为地内行星，一类为地外行星。顾名思义，地内行星就是运行轨道在地球以内的行星；地外行星是轨道在地球以外的行星。这两大类行星在空中运行自然大不相同，地内行星的运动有四个特殊时期，分别为下合、上合、东大距和西大距；地外行星的运动也有四个特殊时段，分别为合、冲、东方照和西方照。

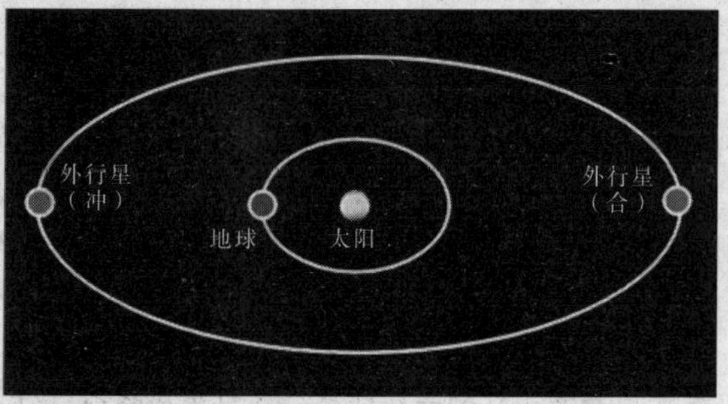

◆“冲”和“合”的区别

冲日是指某一外行星（火星、木星、土星、天王星、海王星）于绕日公转过程中运行到与地球、太阳成一直线的状态，而地球恰好位于太阳和外行星之间的一种天文现象。由于小行星也属于外行星，所以也有“冲日”现象发生。发生冲日现象时，如果行星又恰好距地球最近则称为“大冲”。这时的行星最亮，整夜可见，最宜于观测。

知识窗

行星分类

太阳系的行星分为两类。地外行星包括：火星、木星、土星、天王星、海王星。地内行星包括：水星、金星。

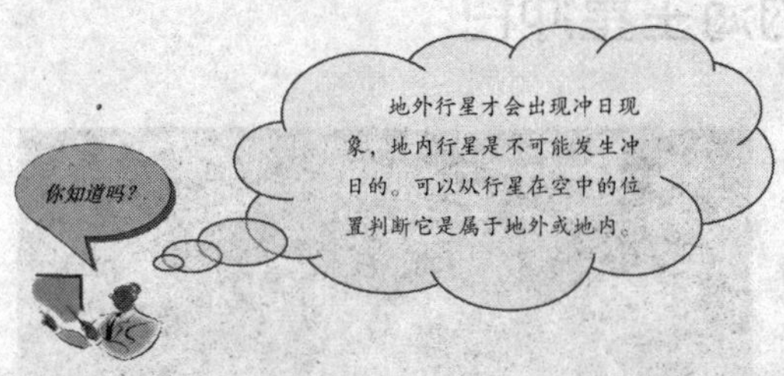

地外行星在地球轨道以外，当太阳把行星和地球分开180°时，简称“合”，合时，行星与太阳同升同落，隐藏在太阳的光辉中，人们无法观测到。当行星与太阳的黄经相差90°时，称为“方照”——行星在太阳以东叫东方照，在太阳以西叫西方照。如果行星与太阳的黄经相差180°，也就是说，太阳升起时，行星落下，而太阳落下时，行星升起，那么这时就称之为“冲”。冲日是观测行星的最佳时刻。

壮观的木星冲日

木星是太阳系里最大的行星。体积是地球的1300多倍，距离地球最远时有9亿多千米，最近时有6亿多千米。每过1年零34天，地球与它接近一次。此时太阳－地球－木星在一条直线上，天文学上叫做“木星冲日”。2009年8月15日2时，这一天晚上日落后，木星从东方升起，子夜升至正南中天，早晨日出时西落，整夜都在陪

◆在天空中可以看到较大的木星和它的四颗卫星

伴着我们，达到了一年最亮的程度，亮度为－2.9等，仅次于金星。用天文望远镜进行观看，不但能看到木星的巨大身躯，还能看到有四颗卫星围绕它运行。其中有两颗比月亮还要大，木卫三是太阳系里最大的卫星。连续观测两（小）时，就会看出它们相互之间的位置有了变化，亲眼看到它们环绕木星运行。

罕见的海王星冲日

2009年8月18日出现了海王星冲日的奇观，海王星是最新定义的八颗经典行星中距离太阳最远的，平均距离约为45亿千米，即30个天文单位左右，公转周期约为164.8年。由于距离我们非常遥远，海王星也是看上去最暗的行星，而且相对背景恒星的移动也比较缓慢。现在大家用望远镜在茫茫星海中找到它都不容易，可以想象19世纪天文学家们发现它时的艰辛。最初是英国人亚当斯和法国人勒威耶，根据已经发现的天王星的轨道，计算出了海王星的存在，才使得这颗行星较为容易地被发现。

◆美丽的淡蓝色星球——海王星

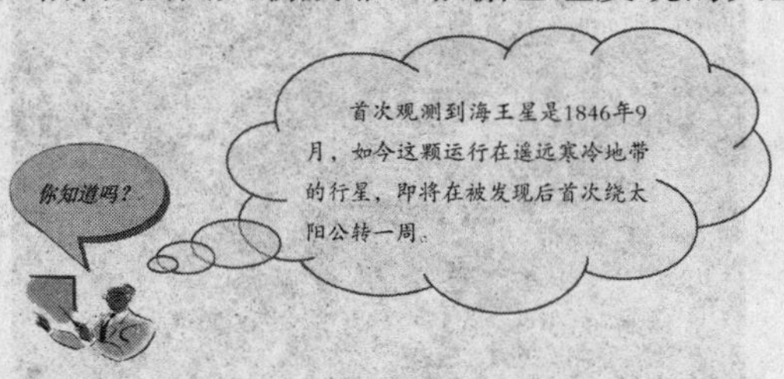

8月18日，也就是木星冲日后三天，海王星也将冲日。不过与明亮的木星相比，海王星冲日时亮度也仅有7.8等，亮度大约是木星的两万分之一。

1. 天文学的冲日现象是怎么回事？你能说说它的原理吗？
2. 太阳系的行星一共有几个？它们分别是什么？
3. 海王星是由谁发现的？
4. 木星冲日曾经发生在哪一天？

三个好兄弟——“三星一线”

2008年12月1日夜幕降临后，夜空中最明亮的三颗天体——月球、金星和木星在西南方的低空齐齐汇聚在人马座。天色晴朗，中国各地乃至东半球大部分地区都观赏到了这少见而特殊的天象——双星伴月。

天空的笑脸——双星伴月

2008年11月30日，距离地球最近的行星金星由西向东追赶着八大行星之王木星。傍晚，金星距离木星很近，金星在木星的西南面，光度比木星亮；新月在金星的西面，正追赶着金星。12月1日上午9时，金星已经追上了木星，两者相距最近；深夜23时，月亮追上了木星，月亮最近木星。12月2日凌晨零时，月亮追上了金星，并遮掩金星。

◆在洛阳拍摄的“双星伴月”天象奇观，月亮和金星、木星同时出现在夜空中，远看犹如一张笑脸

这次双星伴月有何特色？一是月球、金星和木星是夜空中最明亮的天体；二是这三个天体相距十分近，月亮是从木星和金星的中间穿插会聚的，是名副其实的“双星伴月”；三是还发生了木星、月球、金星依次排成一条直线和月掩金星的天象，非常罕见。

12月1日晚上，木星、金星和弯月近在咫尺，这是一种视觉现象。实

际上，它们之间相距十分遥远，比地球和月球的距离远上很多倍。由于地球、月球、金星和木星近似排成一条直线，人们才可目睹到这一天象奇观。在木星、金星和月球中，木星体积最大，但光度最暗；而月球体积最小，但光度最亮，这主要是木星距离地球较远的缘故。

三星一线

◆在夜空中游荡的火星，5 月 4 日游历到双子座最亮的“北河二”与“北河三”附近。在这幅影像里，带点黄色色调的火星和有颗木星级行星的巨星“北河三”与多星系统成员“北河二”，在颜色上形成强烈的对比

2008 年 5 月 5 日至 7 日，夜幕降临后，有三颗明亮的星星排成一条直线在西北的夜空横跨天宇，十分惹人注目。天色晴朗，中国、法国、美国、苏丹、俄罗斯、加拿大乃至整个北半球地区，都可观赏到这少见而奇特的天象。

三星一线是哪三颗星呢？就是双子座最亮的两颗恒星和距离地球最近的外行星火星。

双子座是黄道十二星座之一。双子座最亮的恒星叫“北河三”，亮度为 1.14 等，在恒星世界里，它的视亮度排在第 17 位。双子座次亮的恒星叫“北河二”，亮度为 1.58 等，它的视亮度在恒星世界里排在第 23 位。

万 花 筒

物理双星——“北河二”

如果用口径较大的望远镜观察，“北河二”是一颗双星，它是由两颗相互吸引、紧密结合的恒星组成，其中一颗亮度为 1.97，另一颗为 2.95。“北河二”也是国际天文学上第一颗被确认的物理双星。

1. 2008 年 12 月 1 日哪三颗星排成一线？
2. 抬头看看星空，你能数到几颗星星？
3. 什么是“北河二”“北河三”？

星光导航仪——北极星

“现任”北极星

◆遥望北极星

北极星是天空北部的一颗亮星，离北天极很近，差不多正对着地轴，从地球上看，它的位置几乎不变，可以靠它来辨别方向。由于岁差，北极星的位置并不是永远不变，比如在麦哲伦航海的时代，北极星距离北天极有约3.5°的角度差，而到今天，北极星更靠近北天极了，角度差只有42′，还不到1°。天文学家根据计算得出，到公元2100年，北极星将到达离北天极最近的位置，它距离北天极将只有27′，不到半度。然后，北极星就将逐渐远离北天极。

北极星是小熊星座中最亮的一颗恒星，也叫小熊α星。是一颗视星等为2.02等，距离约400光年，质量约为太阳的4倍的恒星。

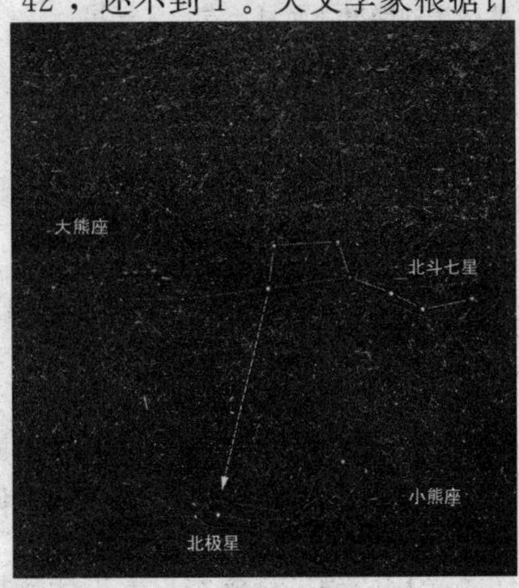

◆北极星的位置

知 识 窗

大名鼎鼎的北极星

北极星现在位于很靠近地球北极指向的天空。因此，看起来它总在北方天空。正是因为它所处的位置重要，才大名鼎鼎。其实，按亮度它只是一颗普通的二等星，属于“小字辈”。

北极星的伴星

◆赫歇耳——德国-英国天文学家，不仅发现了北极星的伴星，而且还发现天王星

早在200多年前，天文学家赫歇耳就已发现北极星有一颗亮度较大的伴星——“北极星B”，它与北极星平均直线距离为2400个天文单位（一个天文单位是地球到太阳的距离，约1.5亿千米）。半个多世纪前，天文学家从北极星的引力波动上推测，它还有另一颗距离非常近的伴星，与“北极星B”一起构成三恒星系统。但这颗伴星因为和北极星距离太近、光芒太暗而从来没有被观测到。

原 理 介 绍

北极星不动的秘密

因为地球是围绕着地轴进行转动的，而北极星正处在地轴的北部延长线上，所以夜晚看天空北极星是不动的。又由于在一年四季里地轴倾斜的方向不变，所以一年时间里我们看到在天空的北极星都是不动的，它的位置没有发生变化，地轴一直指向于北极星。

美国哈佛-史密森尼安天体物理中心的南希·伊文斯等人，借助“哈勃”空间望远镜上的先进测绘照相机，在2005年8月首次观测到了这颗神

秘的伴星——“北极星 B”。他们发现，这颗伴星与北极星平均直线距离有 18.5 个天文单位。在地球上要分辨北极星和“北极星 B”的这段距离，好比要从 30 千米外分辨出一个硬币，只有“哈勃”太空望远镜的先进测绘照相机才能做到。

天文学家还发现，北极星是一颗内部活跃的超巨星，其亮度是太阳的 2000 多倍，而“北极星 B”是正趋于沉寂的矮星。因此，它的光芒总被北极星所掩盖，成为一个“隐身伙伴”，而这次其隐身状态被“哈勃”识破了。

动动手：寻找北极星

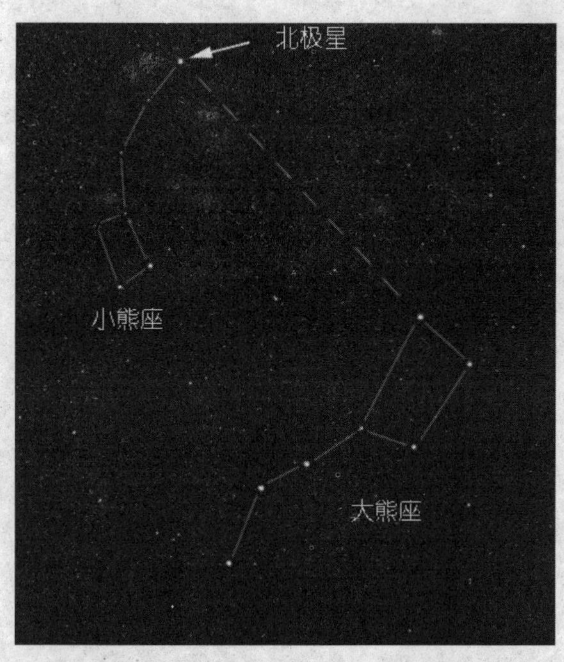

◆寻找北极星的位置

可以通过先寻找北斗七星，再通过北斗七星来找到北极星。北斗七星属大熊星座的一部分，从图形上看，北斗七星位于大熊的背部和尾巴。这七颗星中有 6 颗是 2 等星，一颗是 3 等星。通过斗口的两颗星连线，朝斗口方向延长约 5 倍远，就找到了北极星。认星歌有：“认星先从北斗来，由北往西再展开。”初学认星者可以从北斗七星依次来找其他的星座。

北斗七星组成的图形永远不变吗？它永远是找北极星的“工具”吗？当然不是这样。宇宙间一切物体都在运动和变化之中，恒星也不例外。既然恒星也在运动，那么北斗七星组成的图形当然也在变化。这七颗星离我们的距离不等，在 70～130 光年之间。它们各自运行的速度和方向也不一样。天文学家们已经算出，

10 万年前看到的北斗七星组成的图形和 10 万年后将要看到的图形，都和今日的大不一样。

1. 北极星位于哪一个星座？
2. 北极星永远不变吗？
3. 北极星离我们有多远？
4. 抬头看看星空，你能看到北极星吗？北极星是否永远指向北方？

拥有智慧的行星系

——太阳系的风采

人类经过千百年的探索，到16世纪哥白尼建立“日心说”后才普遍认识到：地球是绕太阳公转的行星之一，地球和她的兄弟姐妹水星、金星、地球、火星、木星、土星、天王星和海王星等八大行星构成了一个围绕太阳旋转的行星系——太阳系。这个大家庭的每个成员都有着不同的外貌和“脾气”，让我们来一一认识他们吧！

太阳系的“统治者”——太阳

在我们每个人的心里，都有一轮明媚的太阳，这阳光温暖着人，透到人心底，让心情也格外温融起来。自然界的阳光是世上万物的神灵，是生命的火把，它在天宇中永恒，生生世世永不息，为地球上所有的万物点燃生命的光芒。

太阳神阿波罗

中华民族的先民把自己的祖先炎帝尊为太阳神。而在绚丽多彩的希腊神话中，太阳神被称为“阿波罗”。他右手握着七弦琴，左手托着象征太阳的金球，让光明普照大地，把温暖送到人间，是万民景仰的神灵。在天文学中，太阳的符号“☉”和我们的像形字“日”十分相似，它象征着宇宙之卵。太阳的质量相当于地球质量的33万多倍，体积大约是地球的130万倍，半径约为70万千米，是地球半径的109倍多。虽然如

◆太阳神阿波罗

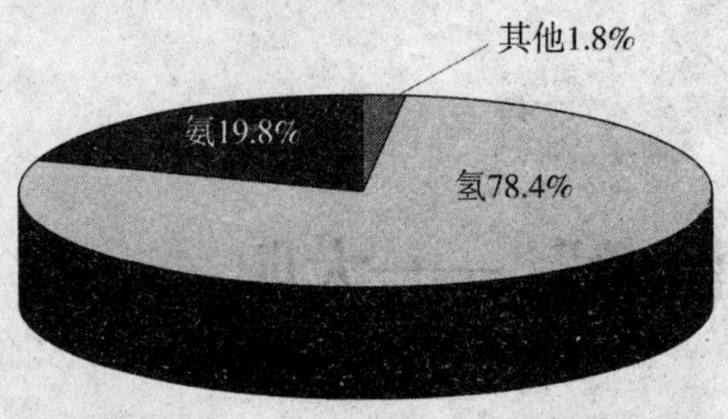

◆太阳的成分

此，她在宇宙中也只是一个普通的恒星。

太阳是由氢占（78.4%），氦占（19.8%），其他成分（氮、氖、镍、碳、氧等，占1.8%）构成的。在92种自然生成的化学元素中，太阳含有70种，所以说太阳中元素种类繁多，与地球相似。

小资料：斑斑点点的表面

太阳光球上最引人注意的现象是太阳黑子。太阳黑子是出现在太阳大气底层——光球层上的较暗的斑点，是太阳活动的最明显标志之一。黑子形状各异，大小不一。有些以单个出现，而更多的则成群结队组成黑子群。

太阳黑子究竟是怎么一回事？其实，黑子是相对光耀夺目的太阳而言，本身并不黑。因为它的温度仍有4000多摄氏度，仅比太阳光球温度低1000多摄氏度。另外，太阳黑子可能是一种带电物质的旋涡气团，而且有很强的磁场，可能可比周围物质的磁场强度高1000倍左右。

◆1989年3月5日到18日太阳表面出现的一群黑子，面积约相当于70个地球

太阳内部的精彩

从中心向外，根据物理属性的不同可将太阳内部划分为核心区、辐射区、对流层光球层和色球层，色球层以外则是太阳的大气——日冕。各层区的结构不同，其活动表现也不同。由于探测技术和高温的限制，人们对太阳的内部结构与属性只是一些大概的推测，更多了解的则是一些太阳的表观和外部大气，因为它们比较容易探测。

◆日全食时和用日冕仪看到的日冕

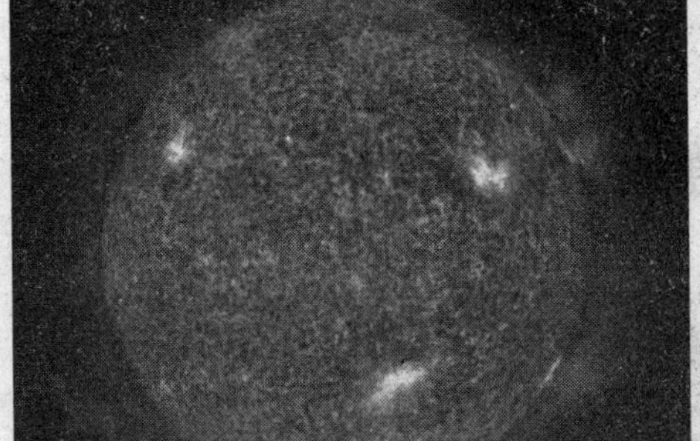

◆色球层

核心区：太阳大部分能量集中在这里，它的半径为大约 0.25 个太阳半径。

辐射区：核心区产生的能量通过辐射区以辐射的形式向外传出。

对流层：太阳大气在这一层中间呈现剧烈的上下对流状态，厚度大约 10 万千米左右。

光球层：光球就是平时所看见的明亮的太阳圆面，厚度大约 500 千米。

色球层：厚度大约 2000 千米，温度越往外面越高。色球层平时看不见，只有在发生日全食时，才会显露出来。

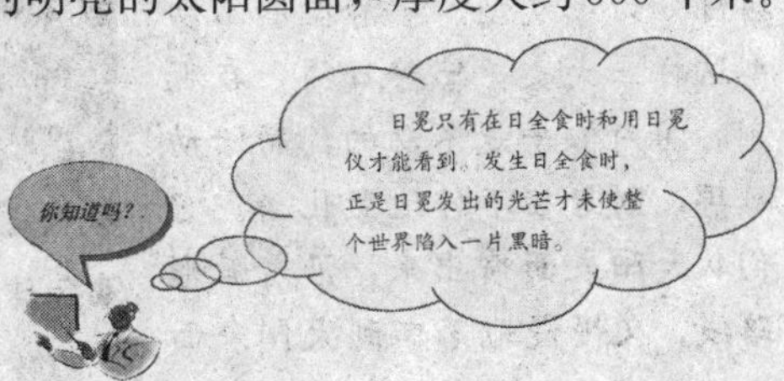

日冕：太阳最外层的大气称为日冕。日冕延伸的范围达到太阳直径的几倍到几十倍。

讲解——太阳神为什么脾气暴躁？

◆太阳的耀斑

太阳耀斑是一种最剧烈的太阳活动。一般认为发生在色球层中，所以也叫“色球爆发”。其主要观测特征是，日面上（常在黑子群上空）突然出现迅速发展的亮斑闪耀，其寿命仅在几分（钟）到几十分（钟）之间，亮度增加迅速，减弱较慢。增亮所释放的能量相当于 10 万至 100 万次强火山爆发的总能量，或相当于上百亿枚百万吨级氢弹的爆炸。

广角镜：色球层上的“耳朵”

◆色球层上的日珥

在日全食时，太阳的周围镶着一个红色的环圈，上面跳动着鲜红的火舌，这种火舌状物体就叫做日珥，日珥是通常发生在色球层的，它像是太阳面的“耳环”一样。按运动情况来看，日珥可分为爆发型、宁静型和活动型这样三大类。宁静日珥，在观测时间内似乎是不动的，而活动日珥，则老在不停地变化着。它们从太阳表面喷出来，沿着弧形路线，又慢慢地落回到太阳表面上。但有的日珥喷得很快、很高，它的物质没有落回日面，而是抛射入宇宙空间了，爆发日珥的高度可以达到几十万千米。1938 年爆发的一个最大日珥，顷刻

间上升到157万千米的高空。地球的直径不过1.3万千米。日珥的形态千变万化，绰约多姿。是什么原因促使日珥形成爆发仍是天文学家在探索的课题。

实验：观察太阳黑子

黑子出现的多寡存在着一个长达11年的变化周期。一般而言，人们观察黑子在日面上的移动，就可以间接推知太阳的自转运动规律。下面我们一起来观测太阳黑子吧。

1. 去掉目镜，接上一个有一定长度的投影屏，观察投影屏上的太阳成像。

2. 在白纸上画一个大小与投影屏上太阳成像相等的圆，表示太阳圆面。

3. 把投影屏上观察到的太阳黑子点画到空白圆面中相应的位置上。

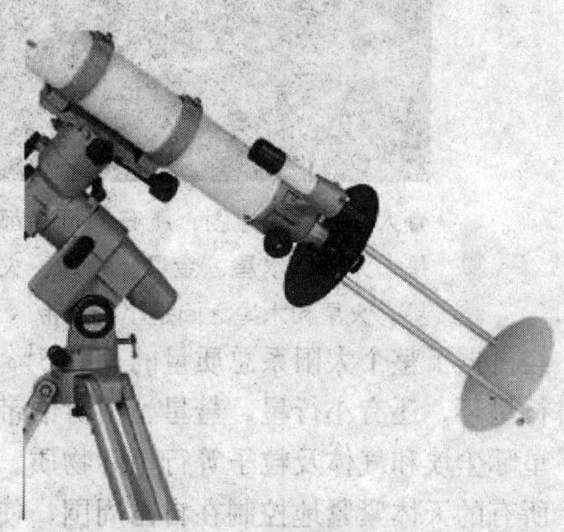

◆将目镜换成投影屏的太阳黑子观测仪

4. 每观测一次绘制一张黑子分布图，看看黑子群的运动和变化规律。

巨大旋转木马——太阳系大家族

太阳系是46亿年前伴随着太阳的形成而形成的。太阳星云由于自身引力的作用而逐渐凝聚，渐渐形成了一个由多个天体按一定规律排列组成的天体系统。

太阳系的中心是太阳，虽然它只是一颗中小型的恒星，但它的质量已

◆太阳系就蕴藏在这美丽的银河系之中

◆太阳系的模拟图，所有的行星都是围绕着太阳旋转的。从左依次是：太阳，水星、金星、地球、火星、木星、土星、天王星、海王星。火星和木星之间是小行星带

经占据了整个太阳系总质量的99.85%，其余物质包括行星与它们的卫星、行星环，还有小行星、彗星、柯伊伯带天体、海王星天体、奥尔特云、行星际尘埃和气体及粒子等行星际物质。太阳以自己强大的引力将太阳系中所有的天体紧紧地控制在自己周围，使它们井然有序地围绕自己旋转。同时，太阳又带着太阳系的全体成员围绕银河系的中心运动。

太阳系就像是天上的巨大旋转木马——各种各样的天体围绕着太阳飞速旋转，但它们分布得如此广阔，以致太阳系的大部分空间都空荡无物。太阳系有八大行星，由太阳起往外的顺序是：水星、金星、地球、火星、木星、土星、天王星、海王星。离太阳较近的水星、金星、地球及火星称

◆太阳和其他行星大小比较

为类地行星。

宇宙飞船对它们都进行了探测，还曾在火星与金星上着陆，获得了重要成果。它们的共同特征是密度大，体积小，自转慢，卫星少，内部成分主要为硅酸盐，具有固体外壳。离太阳较远的木星、土星、天王星、海王星称为类木行星。它们都有很厚的大气圈，其表面特征很难了解，一般推断，它们都具有与类地行星相似的固体内核。

◆类木行星大小比较

1. 太阳表面为什么有斑斑点点？
2. 我们应该怎样观察太阳（注意：千万不能直接用肉眼去看）？
3. 太阳结构共分为哪几层？
4. 太阳系一共有多少颗行星，你能说出它们的名字吗？

谁为黑夜带来光明——月亮

银色的树，银色的花，银色的草都是月光所给予的。月亮，像佛一样有哲理，像婴儿一样可爱，像露珠一样晶莹，像灯一样照亮人间。它没有炎热刺眼的阳光，不是小得几乎没有光芒的星星，而是柔和、清澈、明净的月亮，它似乎有一些神圣而不可侵犯的感觉。

月亮女神阿尔忒弥斯

◆月亮女神阿尔忒弥斯和月亮符号

月球是人们既熟悉又陌生的天体，是距离人类家园最近的天体，也是地球唯一的一个天然卫星。早期人们只能利用肉眼观测，获得对月球很大程度上推理性的粗浅认识。17世纪望远镜的出现，使人们能对月球进行较为细致的观察，做出比较详细的描述。20世纪50年代末，随着航天技术的发展人类开始进行真正意义上对月球近距离的探测，甚至登上月球亲临其境，采集月球样品返回地球开展系统的研究，人类对月球的认识和理解发生了质的飞跃。月球有许多别致的雅号，如玉弓、玉桂、玉盘、玉钩、玉镜、冰镜、广寒宫等。在中国有嫦娥奔月的故事，在罗马神话中，月亮被称为“阿尔忒弥斯”女神。

如果我们在月球上空环绕一圈，俯视月球全貌，我们将看到月球上山峦密布、峰壑连绵，大大小小的环形山布满了月面，构成了一幅满目

苍凉的情景。统计表明，月面上直径大于1千米的环形山总数在33000个以上，总面积约占月球表面积的7%～10%。

◆抬头看见的明月

讲解：登月航天员是否会挨砸？

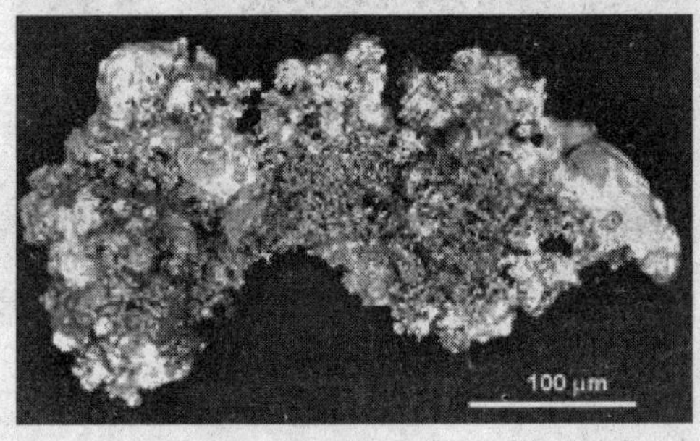

◆这个微流星体仅有数毫米大

月球没有大气层，天外来客可以长驱直入。但月球上众多的环形山是月球形成以后40多亿年累积的结果，并不是频繁受到撞击形成的。月球的表面即便偶尔有来袭的陨石，直接袭击到航天员的可能性也微乎其微。实际上，以往登上月球的航天员并不曾挨砸。

不过，月球表面经常受到“微流星体”的袭击，这种微流星体是沿着一定轨道穿过空间的固态颗粒，它们的直径小于1毫米，以至不能将它们称之为陨石。这些微流星体撞击月面对月球探测器特别是探测器的光学表面、辐射表面有一定危害。但在登月航天服的保护下，微流星体对登月航天员的安全不会构成威胁。

月球表面的环境——万籁俱寂

地球是迄今发现的唯一有生命存在的星球，它有浩瀚澎湃的海洋、辽阔的原野、蜿蜒曲折的河流、宛如平镜的湖泊、巍巍高耸的山峦、复杂多变的气候，生机勃勃。但地球的卫星——月球上为什么会是另一番景

◆航天员拍下的月球表面真实写照

象呢？

长期的科考和登月直接考察的结果证实，月球是一个荒凉、坎坷、万籁俱寂的不毛之地，它没有生命活动或生命留下的痕迹。月球上没有液态水，当然更没有江河湖海。从月球的质量和半径的数据算出月球的重力只有地球表面重力的1/6。

正因为月球重力的微弱，使它保持不住大气层，虽然从月球表面之下不时有小股气体逸出，但月球只能挽留住像氙、氪那样相对分子质量较大的气体，但这些元素非常稀少。月球大气的密度是地球海平面上大气密度的万分之一。在月球上，生命的三大基本要素——空气、水和适宜的温度一样也不具备。所以，月球上根本不会有任何形态的生命存在，更不会有植物和动物。对于月球表面的环境，我们可以用一句话来概括：月球是一个无风、无水、无声响、无生命、冷热剧变的荒凉的世界。

◆地球从月球地平线上慢慢爬出来

知识窗

无声的月球

现在的月球没有大气，更没有大气圈。正是因为没有大气，在月球表面，声波不能传播（无传播介质），人在月球上也就听不到任何声响，真正是万籁俱寂。

讲解：为什么月亮有明暗？

为什么月亮表面有的地方明有的地方暗呢？当初意大利科学家伽利略希望用他那简单的望远镜看清楚月面上的那些明暗部分究竟是什么？伽利略透过望远镜发现，月亮和我们生存的地球一样，有高耸的山脉，也有低凹的洼地（当时伽利略称它是“海”）。他还从月亮上亮的和暗的部分的移动，发现了月亮自身并不能发光，月亮的光是反射太阳光而来的。随着科学的发展，科学家发现暗的部分就是低洼而广阔的大平原，而不是伽利略所说的“海”。因为月亮上没有水，月亮上没有真正的海，但直到现在还一直沿用伽利略当年所起的“月海”这个并不确切的名字。

◆当伽利略发现月球表面坑坑洼洼，“满是凹坑和凸起”的时候，他惊讶的心情可想而知

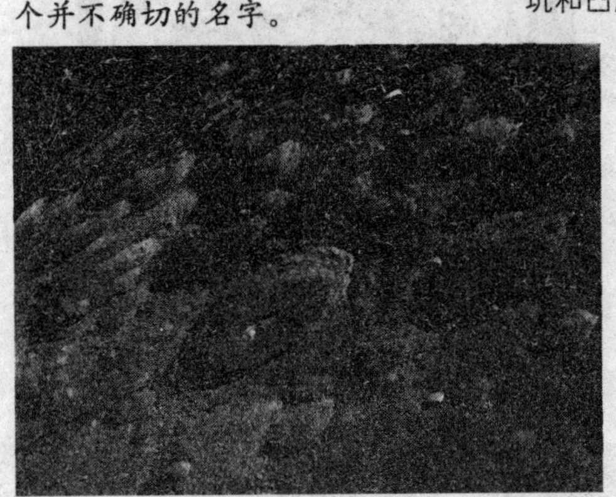

◆月球表面密布的环形山

现在已正式命名的月海有20多个，除月背东海、智海和莫斯科海等少数几个海之外，绝大多数都在正面，如静海、澄海、露海、丰富海和风暴海等。其中风暴海最大，面积达500万平方千米。这些海的总面积约占月球正面面积的40%左右。另外，月海一般都比月陆要低得多，最低的寸海东南部的海底竟深达6000米以上。

当阳光照射在月面上时，高地反射阳光的能力较强，再加上月亮高地主要是由浅色的岩石组成，因此也就更显得明亮。而低洼平原部分，那里往往又覆盖着黑色的熔岩物质，反映阳光的本领

要弱得多，当然对比之下就显得暗淡多了。

一起去月球旅行吧！

◆1969 年美国阿波罗 11 号宇宙飞船成功登陆月球

仰望星空，天上的点点繁星都是像太阳那样的恒星，它们有的比太阳大，有的比太阳小。这些星星看上去只是一个小小的光点，这是因为它们离得太远了。如果你能行驶得像光一样快，也得用上几年的时间才能到达那儿。和它们相比，去月球就简单多了。月亮离地球最近，距离仅为 384550 千米左右。宇宙飞船只要用几（小）时就能从地球飞到月亮。

目前已经有人去往太空旅游，那么去月亮旅行可能不再遥远，几年或十几年后，月亮旅行就会开发出来。航天员们拜访月亮时，他们随身带了食物、水和空气。你要是想登上月亮的话也得带上这些东西，因为月亮上没有食物、水和空气。

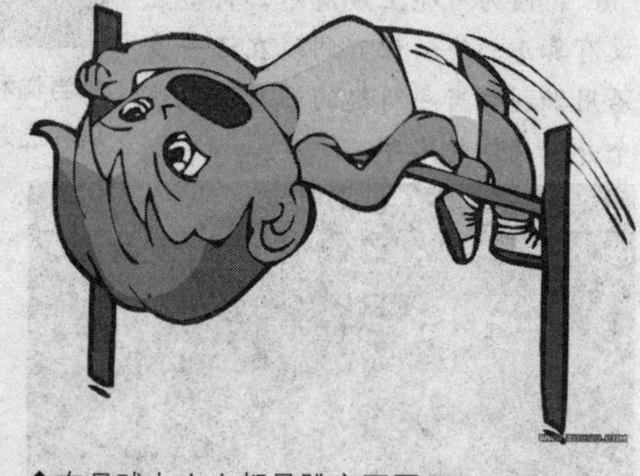

◆在月球上人人都是跳高冠军

到了月亮上你会感到人轻了许多。这是因为月亮的引力要比地球的引力小得多。你跨出的步子一步就能超过 3 米，你还能将一个棒球扔得很远很

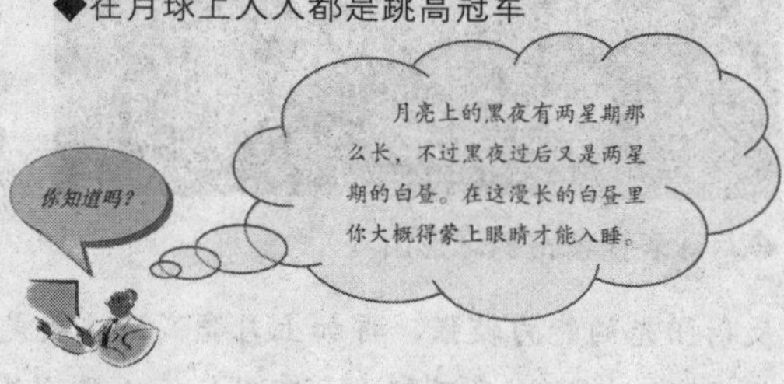

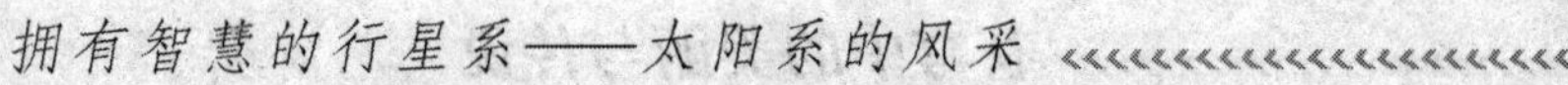

远，直至无影无踪。如果你喜欢长时间看星星的话，你大概会喜欢生活在月亮上。

1. 月球离我们有多远？
2. 为什么月亮上有明暗？
3. 月亮上有生命吗？
4. 人类第一次登月是在什么时候？我国进行了哪些对月球的探索活动？

太阳系中的矮个子——水星

浩渺的夜空，星光灿烂。星星之间是有巨大的距离的，但她们的光辉遥相呼应，连成辉煌一片。在那遥远的星空，有一颗紧靠太阳的星星，它就是水星。

温差最大的行星——水星

◆水星墨丘利是众神的信使

水星是最靠近太阳的行星，中国古代称水星为辰星。古时候西方人以为水星是两颗行星，他们在暮色中见到它时，称它为墨丘利，在晨曦中见到它时，称它为阿波罗。后来人们知道了墨丘利和阿波罗就是同一颗星，就称水星为墨丘利。墨丘利是罗马神话中专为众神传递信息的使者，他头戴插有双翅的帽子，脚蹬飞行鞋，手握魔杖，行走如飞。他神通广大，令人难以捉摸。水星确实像墨丘利那样，行动迅速，神出鬼没，在一个半月的时间里它会沿着一段奇特的曲线，从太阳的最东边跑到最西边，平均速度为每秒 47.89 千米，是太阳系中运动最快的行星。

水星是太阳系最小的类地行星，它距离太阳最近，只有 5790 万千米，是日地距离的 0.387 倍，赤道半径约为地球的 2/5。水星上并没有一滴水而且也没有大气调节，加之距太阳太近，在太阳炽热的烘烤下，其向阳面的温度最高时可达 430℃，背面的最低温度为－160℃，昼夜温差近 600℃，

◆水星近照

是太阳系行星中表面昼夜温差最大的。在这样的高温下，锡与铅之类的金属都会熔化。水星没有卫星，因此水星的夜晚是寂寞的。水星的自转周期为 58.646 日，自转方向与公转方向相同。

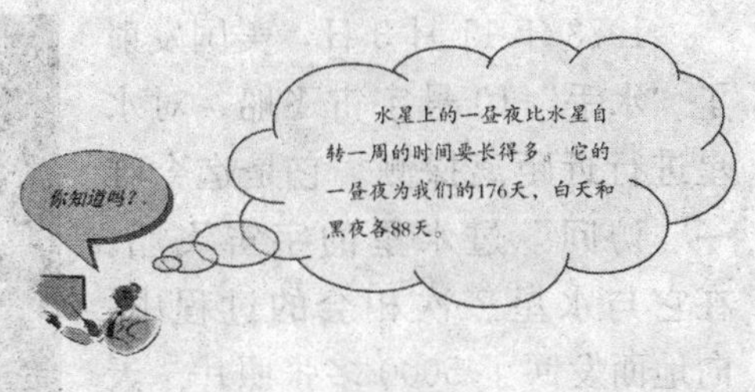

小资料：水星风光——布满环形山的世界

水星外观同月球十分相像，表面布满了大大小小的环形山。亿万年前可能发生过火山活动，星面上现在可见几处貌似火山熔岩形成的平原地区，还到处遍布大大小小的陨星坑。水星最突出的特色是巨大的圆形卡罗伊斯盆地，可能是由很久以前一颗巨大陨星的撞击造成的。水星上有一个巨大的同心圆构造，半径约有 1300 千米，位于水星北纬 30°西经 195°，名为“卡路里盆地”（意为热盆地），是诸行星中表面温度最高的

◆因为水星距离太阳很近，水星上的日出十分壮观

◆一座直径约 98 千米的环形山

地方。水星表面还有 100 多个具有放射状条纹的坑穴，还有大量三四千米高的断崖，有的长达数百千米。1976 年，国际天文学联合会聘请一些专家、学者为环形山命名，1987 年正式公布了第一批环形山的名字，其中有 15 个环形山用了中国人的名字。除了中国现代文学巨匠鲁迅外，其他 14 位都是中国古代文学家和艺术家。

水星上有磁场吗?

1973 年 11 月 3 日，美国发射了“水手”10 号宇宙飞船，对水星进行近距离探测。它是迄今唯一“访问”过水星的宇宙飞船。在它与水星三次相会的过程中，向地面发回了 5000 多张照片。天文学家惊奇地发现，水星表面和月球表面极为相似。那么，水星是否会像地球一样存在磁场呢?

◆“水手”10 号宇宙飞船

◆飞向水星的“水手”10 号拍摄的地月合影

20 世纪 70 年代以前，谁都不知道。而一般估计，这么小的一个天体大概是不会有磁场的。“水手”10 号探测器有一项就是探测水星究竟有没有磁场。探测器曾经 3 次从水星上空飞过，那是在 1974 年的 3 月 29 日和 9 月 21 日，以及 1975 年 3 月 16 日。

“水手”10 号第一次飞越水星时，最近时距水星只有 720 多千

米。探测器上的照相机在拍摄布满环形山的水星地貌的同时，磁强计意外地探测到水星似乎存在一个很弱的磁场，而且可能是跟地球磁场那样有着两个磁极的偶极磁场。水星表面环形山和磁场的发现使科学家很感兴趣，因为这些都是前所未知的。但是，磁场的存在必须得到进一步的证实，这就要等待到“水手”10号与水星的另一次接近。

◆“水手”10号拍摄的水星照片（由多张照片拼接而成）

“水手”10号第二次飞越水星时，距表面最近时在48000千米左右，对水星磁场没有发现什么新的情况。为了取得包括磁场在内的更加精确的观测资料，科学家们对探测器的轨道作了校准，使它第三次飞越水星时，离表面只有327千米，而且更接近水星北极。观测结果是十分令人鼓舞的：水星确实有一个偶极磁场。从最初发现到完全证实，刚好是一年时间。水星赤道上的磁场强度约0.004高斯，两极处略微强些，约0.007高斯。跟地球磁场强度比较一下就更清楚些，水星表面磁场的强度大致是地球的1%。

◆磁场是地球生命的“保护衣”

与地球磁场相比，水星磁场强度不算高，更不要说与其他强磁场行星——木星和土星相比了。但是，除了这三颗行星之外，在太阳系的其余行星中，水星还是可以称得上是有较强磁场的一颗行星。

链接："信使号"水星探测器

◆"信使号"飞近水星背阳一面

2004年8月美国国家航空与航天局发射"信使号"水星探测器搭乘"德尔塔2号"火箭发射升空，飞向水星。这是30年来，人类首次对水星这颗神秘的星球进行近距离的探索。"信使号"水星探测器耗时6年半完成80亿千米的旅途，于2011年进入水星轨道。这是人类飞行器首次进行环水星飞行。在环绕轨道一年期间，探测器上的7台科学仪器对水星进行全面观测。

1. 水星距离我们有多远？
2. 水星上的温差有多少？为什么有这么大的温差？
3. 在水星上有磁场吗？水星表面是什么形态？
4. 人类对水星进行过哪些探索？我们发现了什么？

光芒四射的球体——金星

金星是八大行星之一，按照离太阳由近及远的次序是第二颗。它是离地球最近的行星。中国古代称之为太白金星。金星是全天中除太阳和月亮外最亮的星，亮度最大时为－4.4等，比著名的天狼星（除太阳外全天最亮的恒星）还要亮14倍，犹如一颗耀眼的钻石，于是古希腊人称它为阿佛洛狄忒——爱与美的女神，而罗马人则称它为维纳斯——美神。但它却没有一点可爱之处，金星是个地狱般的地方，温度比火炉还要高。

浓密的大气和云层

金星的大气主要由二氧化碳组成，并含有少量的氮气。大量二氧化碳的存在使得温室效应很显著。如果没有这样的温室效应，温度会比现在下降400°C。在近赤道的低地，金星的表面极限温度可高达500°C。这使得金星的表面温度甚至高于水星，虽然它离太阳的距离要比水星远两倍，并且得到的阳光只有水星的四分之一。尽管金星的自转很慢，但是由于浓密大气的对流，昼夜温差并不大。金星浓厚的云层把大部分的阳光都反射回了太

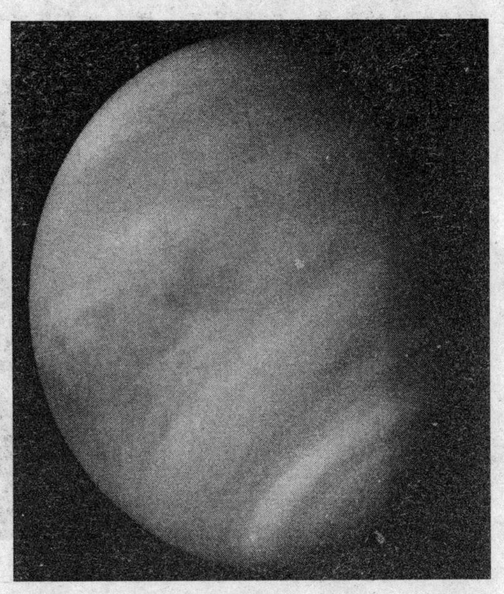

◆金星被浓密的大气包裹着

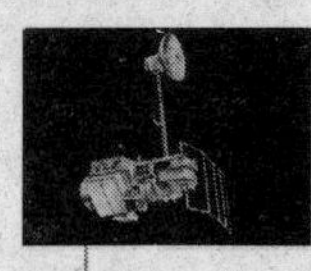

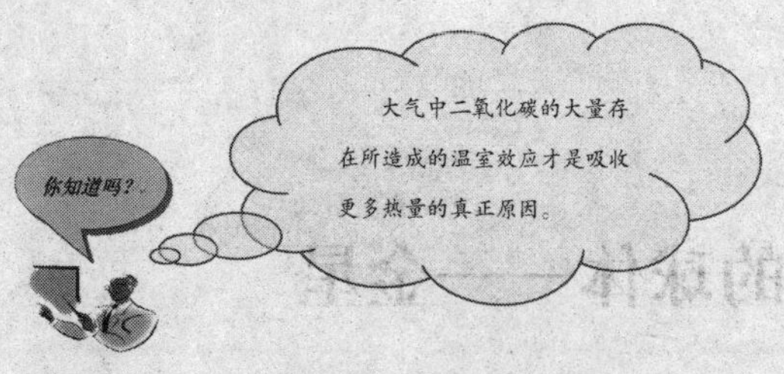

空，所以金星表面接受到的太阳光比较少，大部分的阳光都不能直接到达金星表面。金星热辐射的反射率大约是60%，可见光的反射率就更大。所以说，虽然金星比地球离太阳的距离要近，它表面所得到的光照却比地球少。人们常常会想当然地认为金星的浓密云层能够吸收更多的热量，事实证明这是荒谬的。与此相反，如果没有这些云层，温度会更高。

广角镜：天文奇观——“月掩金星”

解码天文奇观

2005年5月21日晚，上演了一场天文奇观——月掩金星情景。我国部分地区可以看到，金星一点点地靠近月亮，最后完全被月亮遮住，整个过程约40分(钟)。月掩金星是月亮在运行中恰好走到金星和地球的中间，三个星球呈一条直线时发生的天象。它和月亮一样，也有阴晴圆缺。

◆金星一点点地靠近月亮，最后完全被月亮遮住

讲解：金星为什么这么亮？

从地球上看，除太阳和月亮外，最亮的是金星，只不过它的位置，正好为太阳所掩盖，所以，只能在太阳升起之前及太阳刚落之后，才能见到，且不显得很亮。在太阳升起之前的一点点时间，所看到的金星，俗称“启明星”。出现了不一会儿，其光亮便为太阳所掩盖。在太阳降落之后的一点点时间，所看到的金星，俗称“长庚星”。出现了不一会儿，它便落下去看不到了。但事实上，很多星星都比金星，甚至比太阳亮，只不过离地球远，看起来没那么亮。图中最上方的亮点是金星。它看起来就好像镶在太空里一颗靓丽的钻石。

◆金星和月亮相互辉映的图片

活跃的金星

◆金星表面的裂谷，远处地平线右侧是火山，左侧也是火山

金星上可谓火山密布，是太阳系中拥有火山数量最多的行星。业已发现的大型火山和火山特征有 1600 多处。此外，还有无数的小火山，没有人计算过它们的数量，估计总数超过 10 万，甚至 100 万。金星火山造型各异。除了较普遍的盾状火山，这里还有很多复杂的火山特征和特殊的火山构造。到目前为止，科学家在此尚未发现活火山，但是

◆科学家模拟的金星表面闪电现象

由于研究数据有限，因此，尽管大部分金星火山早已熄灭，仍不排除小部分依然活跃的可能性。

迹象表明，金星火山的喷发形式也较为单一。凝固的熔岩层显示，大部分金星火山喷发时，只是流出熔岩流，没有剧烈爆发、喷射火山灰的迹象，甚至熔岩也不似地球熔岩那般泥泞黏质。这是由于大气高压，爆炸性的火山喷发，熔岩中需要有大量的气体。在地球上，促使熔岩剧烈喷发的主要气体是水汽，而金星上缺乏水分子。另外，地球上绝大部分黏质熔岩流和火山灰喷发都发生在板块消亡地带。因此，缺乏板块消亡带，也大大减少了金星火山猛烈爆发的概率。

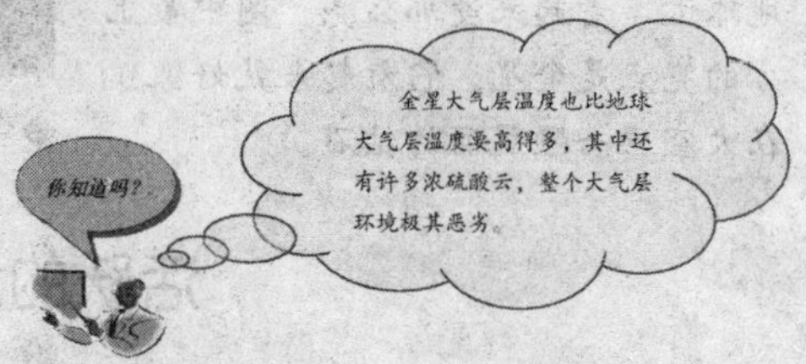

早在1978年，美国国家航空与航天局的一个探测器就发现金星大气层中有电活动迹象。此后天文学界也一直猜测金星上很可能也有闪电现象，但由于探测过程中的信号干扰，科学家对此不能十分确定。如今，科学家通过分析“金星快车”携带的磁性天线的观测结果，终于证实金星上确有大量的闪电活动。科学家说，闪电通常会影响大气层化学成分，以后对金星探测时可以把闪电因素考虑在内，这将有助于更准确地理解金星大气层以及金星气候。确认金星上的闪电活动，使这个地球的“姐妹星”又和地球多了一个相似之处。但金星和地球之间也有诸多迥然不同的地方，比如金星大气层比地球大气层密度要高100倍，因此并不能像在地球上一样，在地表即可看见闪电。

广角镜："地球的孪生姐妹"

有人称金星是地球的孪生姐妹，确实，从结构上看，金星和地球有不少相似之处。金星的半径约为6073千米，只比地球半径小300千米，体积是地球的0.88倍，质量为地球的4/5，平均密度略小于地球。但两者的环境却有天壤之别：金星的表面温度很高，不存在液态水，加上极高的大气压力和严重缺氧等残酷的自然条件，金星不可能有任何生命存在。因此，金星和地球只是一对"貌合神离"的姐妹。

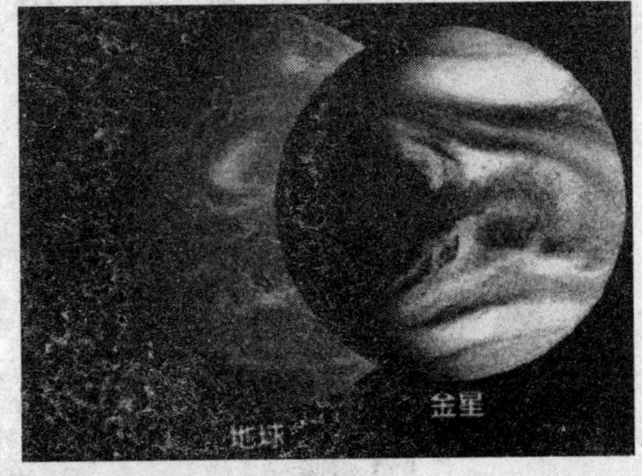

◆金星与地球的大小比较

1. 金星与地球相比，哪个大？
2. 金星上有大气层吗？金星表面温差有多少？
3. 为什么会发生月掩金星的天文奇观？
4. 人类发射的探测器"金星快车"发现了什么？人类对于金星进行了哪些探索活动？

太阳系中密度最低的星球——火星

◆战神马尔斯

宇宙深处，银河之中，有一个神秘的红色天体——火星，火星是八大行星之一。在人类长期对宏观天宇的探索中，这颗神秘星球很快便占据了人类对宇宙无限遐想的中心位置。在古代中国，因为它荧荧如火，故称“荧惑”。大约4000年前，古埃及人称她为“红色之星”；而古巴比伦人则称这颗“红色之星”为“死亡之星”；古希腊人和古罗马人好像对火星也没有好感，认为自己在地球上的一举一动总是被火星上的“人”监视着，所以为她取了一个不太友善的名字：Mars，即古罗马战神的名字，甚至把它视为“星际大战”的恐怖星球。

火红星球的奇幻世界

火星是最小的行星之一，重力值是地球的2/5、直径相当于地球的半径，表面积只有地球的1/4，体积只有地球的15%，质量只有地球的11%。当它离我们最近的时候，距离不超过5600万千米——比除金星外的任何行星都近。据推测，火星中心有个以铁为主要成分的核，并含有硫、镁等轻元素，火星的核所占比例，应

◆火星的表面积只有地球的1/4

较地球小。核的外层则厚厚地包覆着一层富含氧化镁的硅酸盐地幔。火星的密度为类地行星中最低的。

◆埃律西姆山

火星的火山和地球的不太一样，除了重力较小使山长得很高之外，缺乏明显的板块运动，使火山分布是以热点为主，不像地球有火环的构造。火星的火山主要分布于塔尔西斯高原、埃律西姆地区和零星分布在南方高原，例如希腊平原东北的泰瑞纳山。

在西半球的塔尔西斯高原高约 14 千米，伴随着盛行火山作用的遗迹，其中五座大火山皆为盾状火山，包括太阳系最高的奥林帕斯山，这座庞大的山峰高约 25000 米——是珠穆朗玛峰的三倍。它的底部宽约 600 千米。估计它的最近一次喷发是在 2500 万年以前。原来一直以为是一座积雪覆盖的山。其他四座包括艾斯克雷尔斯山、帕弗尼斯山、阿尔西亚山和亚拔山——以体积和 1600 千米的直径来看是太阳系最大的山。在大火山之间亦散布著零星的小火山。

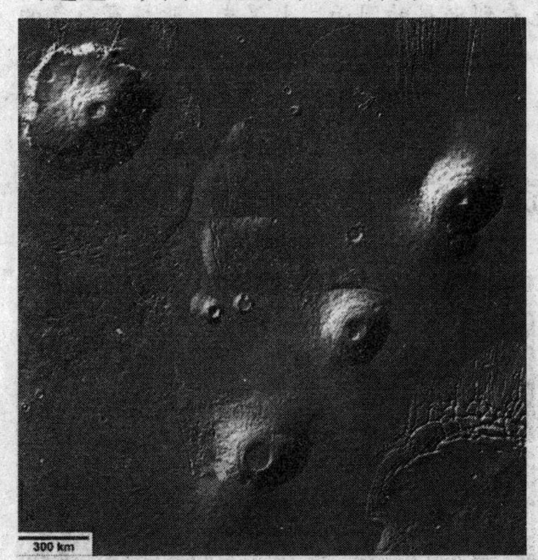

◆四个火星火山位置

在火星的另一端还有一个较小的火山群，以 14.127 千米高的埃律西姆山为主体，北、南各有较矮的赫克提斯山和欧伯山。

小资料：火星观测最佳时机

◆用天文望远镜拍摄到的火星

2010年1月中旬到3月上旬是两年多来观看火星最佳时机，每到傍晚日落以后，从天空的东北方升起一颗通红的星星，光焰似火，烁烁放光，整夜可见，亮度达到了1.3星等，这就是火星。举头向东方望去，一颗与众不同的红色亮星出现在眼前，光焰夺目，随着时间的推移，它渐渐上升，到了子夜时分升入正南方，这时就需要使劲仰头才能看见，到了黎明时分又从西南部天空落下。天文专家提醒说，肉眼观看火星，只能见到一个小光点，无法看到圆面，最好使用天文望远镜，就能比较清楚地看到火星的圆面，火星南、北极有白色的“极冠”，这是二氧化碳冻结成的干冰和水分冻结成的水冰，在其他地方则充满红色的沙漠。

马尔斯拉战车的两匹马

美国天文学家阿萨夫·海尔于1877年发现了火星的两颗小卫星，分别命名为Phobos（火卫一）和Deimos（火卫二）——这是罗马神话中为马尔斯拉战车的两匹马的名字。这两个卫星很可能原先是太阳系中的小行星，因靠近火星而被俘获变成卫星。因为火卫一的公转速度比火星自转速度更快，所以潮汐力会慢慢但稳定地减小它的轨道半径。未来，火

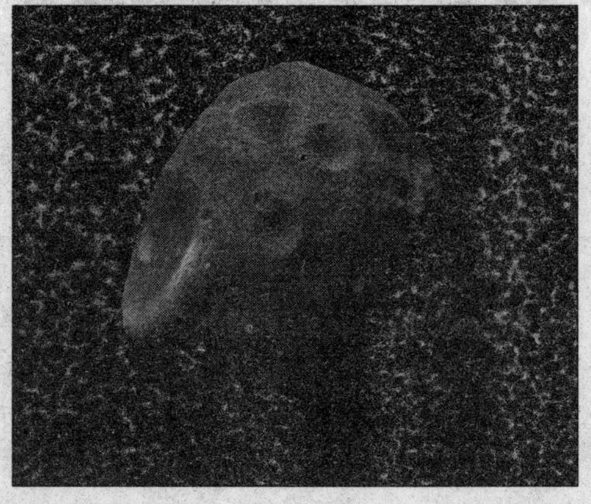

◆火卫一（Phobos）

卫一将会被万有引力所瓦解。另一方面火卫二因为离火星足够远，所以它的轨道反而正在慢慢地被推进。

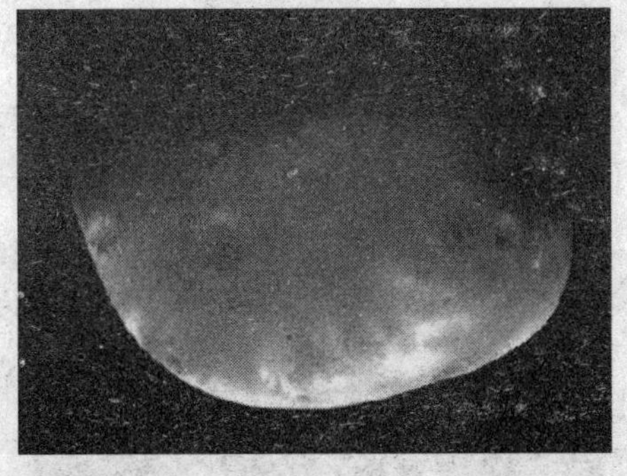
◆火卫二（Deimos）

火卫一和火卫二可能是由富含碳的岩石组成的。但它们不可能是由纯岩石组成的，因为它们的密度太低了。它们很可能是由岩石与冰的混合物组成的，并且它们都有很深的地壳坑。火卫一上最显著的地形特色是一个名为 Stickney 的陨石坑，它是以前面所提到的阿萨夫·海尔的妻子的名字命名的。Stickney 必然曾经具有过破坏火卫一的作用，现在火卫一表面上的一些大沟和条纹层脉极有可能是由于 Stickney 的影响而造成的。火卫一和火卫二大多被认为是捕捉到的小行星，也有一些人认为它们是起源于太阳系外的，而不是来自于小行星带。火卫一和火卫二或许某天会成为了解火星的非常重要的“空间站”。特别是随着冰的存在的事实，它便是成为了研究火星的中转站。火卫二是火星的两颗卫星中离火星较远也是较小的一颗，也是太阳系中最小的卫星。

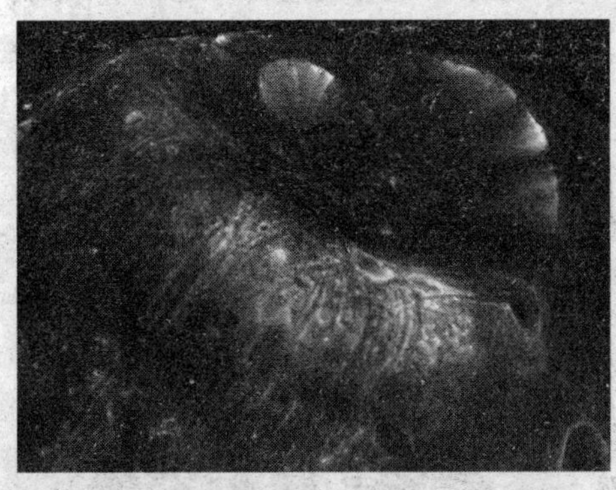
◆火卫一（Phobos）的 Stickney 陨石坑

小资料：那是火星上的运河吗？

火星不像水星，陨石坑遍布，火星有更多样的地形，有高山、平原、峡谷，南、北半球的地形有着强烈的对比：北方是被熔岩填平的低原，南方则是充满陨石坑的古老高地，而两者之间以明显的斜坡分隔；火山地形穿插其中，流水侵蚀而成的众多峡谷亦分布各地，南、北极则有以干冰和水冰组成的极冠，风成沙丘亦广布整个星球。

◆“火星快车”拍摄的火星局部地貌照片

在欧洲“火星快车”探测器所拍摄的火星照片中，可以看到火星表面有如运河一般的痕迹为火星中纬度的地区，可以很清楚地看到地表的刻痕。因此在早期的研究中，一度以为火星正面临着前所未有的干旱时期，因此智慧生物火星人在表面建构了网状的输水网，将极区的水运往低纬地区灌溉，不过这个说法已经被推翻了。经由更精确的照片资料显示，这些火星的“运河”，可能根本就没有水的存在。至目前为止，也没有发现火星上的高等生命活动。

寻找火星上的“生命”

在太阳系八大行星中，除地球外，火星一直被认为是最有可能存在某种形式的生命的星球。一个世纪前，一些天文学家对此深信不疑，然而时至今日，我们已经知道对于生命的存在来说，火星是个极端恶劣的世界。不过也有可能在遥远的过去，火星上曾经存在过生命。

◆电影海报中的火星人形象

◆“探路者”号在火星表面拍摄的360°全景照片

1975年，美国又相继发射了两颗火星探测器“海盗”1号和“海盗”2号。“海盗”1号于1976年6月到达火星，成为围绕火星运行的人造卫星，它携带的着陆舱在一个月后在火星上着陆成功。“海盗”2号的着陆舱在1976年9月在火星表面着陆成功，如右图所示。它们的主要使命是探测火星上有没有任何形式的生命存在。

◆“海盗”号探测器模拟图

◆“索杰纳”在火星表面工作的情况

1996年11月美国相继发射了两颗火星探测器——“探路者”和“环球勘测者”号。前者于1997年9月，后者于1997年7月抵达火星。“探路者”号由轨道飞行器和着陆器两部分组成。着陆器上除携带了摄像机、360度全景照相机等仪器之外，还携带了一个名叫“索杰纳”的机器人。

火星“环球勘测者”进入环绕火星的椭圆轨道之后，对火星的地貌、大气、矿藏以及磁场等情况进行了测量。发现火星并不是完全没有磁场，而是有一个不易被探测到的微弱磁场。得到了火星表面2700万个点的高度值，由此绘制出一幅火星的三维图像：一个非常漂亮的火星立体模型。与立体地球仪相似，火星表面的高山、平原、峡谷、盆地等所有地形地貌都是按实际高度的同一比例绘制出来的，为了更逼真和醒目，采用不同的颜色表示不同的高度，这样，火星表面的地貌特征就形象而生动地呈现在我们的面前了。

到了2003年，火星探测又掀起以找水为核心的探测高潮。这是证实火星上现在或历史上有没有水的关键。2001年美国的“奥德赛”号绕火星飞行，不仅探测到火星表面在历史上曾有水的证据，还发现火星南极有大量氢分子存在，间接地表明那里有冰冻水的存在。“勇气”号和“机遇”号的两台火星车集尖端高科技于一身。它们实际上是两名聪明能干的“地质工作者”机器人，并携带了诸如全景相机、显微成像仪、小型光谱仪、X射线谱仪等先进的科学仪器。“勇气”号在一名为“哥伦比亚”的小山脚下发现岩石中含有赤铁矿。按照地球上的赤铁矿形成都与水有关的环境特点来推断，可以认为水星上曾有过水。“机遇”号在进入名为“持久”的陨石坑后，首先探测了陨石坑内上部的岩层，发现岩石中富含硫酸盐。火星车在更下面的两个岩层中发现了硫酸盐以及球状凝结物。这些都是岩石在潮湿环境下形成的迹象。

◆“机遇号”火星车

◆“勇气”号火星车

2008年5月25日19时53分美国发射的“凤凰”号火星探测器在火星北极成功着陆。“凤凰”号火星登陆器已经成功地在这颗红色行星地表下面像岩石一样坚硬的冰层内钻孔，并用机械臂上的铲子收集到钻孔过程中产生的冰冻碎屑。火星存在冰的事实并不能说明火星的环境是否适宜生命存在。为了判断火星极地环境是否适宜生命存在，科学家希望通过“凤凰”号探测器对火星的冰块和土壤进行采样研究，以发现火星表面是否存在碳酸盐或硫酸

◆“凤凰”号火星着陆探测器

盐物质。因为这两种物质的形成都离不开液态水的作用。

广角镜：ALH84001 陨石

◆ALH84001 陨石

2000 年，一块火星陨石是美国于南极洲发现，编号为 ALH84001 的碳酸盐陨石。美国国家航空与航天局声称，在这块陨石上发现了一些类似微体化石结构，有人认为这可能是火星生命存在的证据，但有人认为这只是自然生成的矿物晶体。但直到 2004 年，争论的双方仍然没有任何一方占据上风。有证据表明火星曾比今日更适于生命的存在，但生命到底在火星上是否真正存在过还不能给出确切的结论。某些研究者认为源自火星的 ALH84001 陨石有过去生命活动的证据，但这一看法至今尚未得到公认。

1. 火星在太阳系什么位置？
2. 火星上有生命存在吗？真的有火星人吗？
3. 火星的表面是平整的吗？
4. 人类进行了哪些探索火星的行动？科学家在火星上发现了什么？

带着薄纱光环的星球——木星

木星是八大行星中最大的一颗，可称得上是“八大星之王”了。按距离太阳由近及远的次序排第五颗。在天文学上，把木星这类巨大的行星称为“巨行星”。木星还是天空中最亮的星星之一，其亮度仅次于金星，比最亮的恒星天狼星还亮。

“八大星之王”——木星

◆名画：朱庇特与忒提斯，朱庇特即宙斯

在我国古代，木星曾被人们用来定岁纪年，由此被称为“岁星”。西方天文学家称木星为“朱庇特”，朱庇特是罗马神话中的众神之王，相当于希腊神话中无所不能的宙斯（众神之王，奥林匹斯山的统治者和罗马国的保护人）

木星是一个扁球体，它的赤道直径约为 142800 千米，是地球的 11.2 倍；体积则是地球的 1316 倍；而它的质量是太阳系所有行星、卫星、小行星和流星体质量总和的一倍半，也就是地球质量的 318 倍。如果把地球和木星放在一起，就如同芝麻与西瓜之比一样悬殊。但木星的密度很低，平均密度仅为 1.33 克/立方厘米。木星自转速度非常快，赤道部分的自转周期为 9（小）时 50 分 30 秒，是太阳系中自转最快的行星。它的自转轴几

乎与轨道面相垂直。由于自转很快，星体的扁率相当大，借助望远镜，就能看出木星呈扁圆状。木星在一个椭圆轨道上以每秒 13 千米的速度围绕着太阳公转，轨道的半径约为 5.2 天文单位。它绕太阳公转一周约需 11.86 年，所以木星的一年大约相当于地球的 12 年。

◆木星比地球大多了

小资料：木星再遭撞击留伤疤

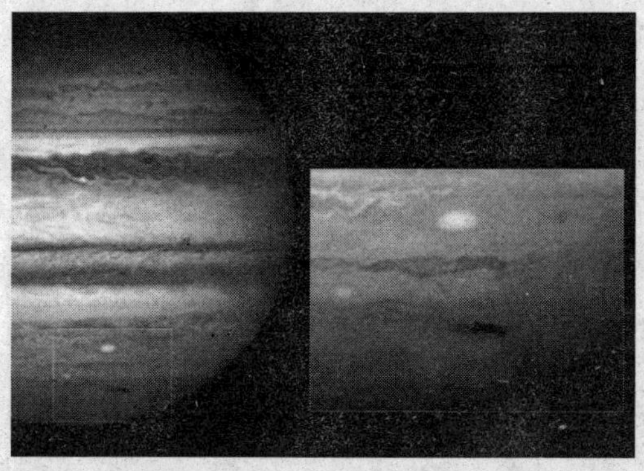

◆木星又添新伤疤

2009 年夏天，一位业余天文爱好者首次发现木星表面出现一个新的黑点。后经证实，这个黑点是由一颗太空飞来的小行星或彗星撞击所造成的“伤疤”，这个“伤疤”面积足有地球上太平洋那么大。这次剧烈的宇宙撞击可以与 15 年前的一次撞击相媲美。1994 年，木星曾遭到“苏梅克—列维 9 号”彗星碎片的连续撞击。

天文学家估计，造成这次撞击事件的罪魁祸首体积应该不大，直径不会超过 1 千米。不过，即使这样一个宇宙天体，它所携带的能量仍比地球上通古斯大爆炸的能量还要高出数千倍。这次造成木星受伤的撞击，如果发生在地球上，将可能给地球造成巨大的灾难。由于自身巨大的体积和重力，木星吸引了许多太空危险分子纷纷栽进它的怀抱。

多姿多彩的天体

◆木星的光环

过去有人猜测，在木星附近有一个尘埃层或环，但一直未能证实。1979 年 3 月，“旅行者”1 号考察木星时，拍摄到木星环的照片，不久，“旅行者”2 号又获得了木星环的更多情况，终于证实木星也有环。木星环的形状像个薄圆盘，宽度约为 6500 千米，离木星 12.8 万千米。光环环绕着木星公转，7（小）时转一圈。木星环是由许多黑色碎石块构成的，石块直径在数十米到数百米之间。由于黑石块不反射太阳光，因而长期以来一直未被我们发现。

万 花 筒

薄纱环

科学家推断，这是由于流星撞击木星的四个细小卫星所产生的尘埃，围绕木星旋转，形成光。不过，对于环的成因，科学家们目前还只能是进行猜测而已。然而，随着天文新发现的增多，行星环反而显得更加神秘莫测了。

木星表面的大多数特征变化倏忽，但也有些标记具有持久和半持久的特征，其中最显著最持久，也是人们最熟悉的特征要算大红斑了。大红斑是位于赤道南侧、长达 2 万多千米、宽约 1.1 万千米的一个红色卵形区域。

“旅行者”1 号发回的照片使人清晰地看到，大红斑宛如一个以逆时针方向旋转的巨大旋涡。从照片上还可以分辨出一些环状结构。仔细研

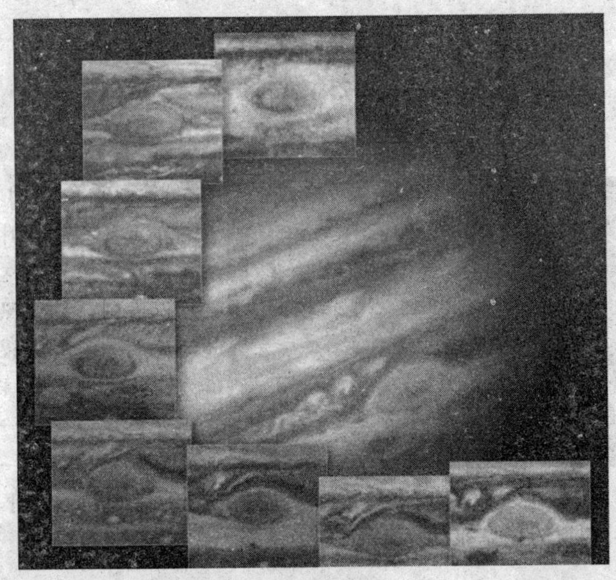

◆“哈勃”跟踪拍摄的木星大红斑

◆两个相邻的风暴旋涡，其旋转方向却正相反

究后，科学家们认为，在木星的表面覆盖着厚厚的云层，大红斑是耸立于高空、嵌在云层中的强大旋风，或是一团激烈上升的气流所形成的。

木星上的斑状结构一般持续几个月或几年，它们的共同特点是在北半球作顺时针方向旋转，在南半球作逆时针旋转。气流从中心缓慢地涌出，然后在边缘沉降，遂形成椭圆形状。它们相当于地球上的风暴，不过规模要大得多，持续时间也长得多。在木星大气零下 140℃的低温条件下，分子运动应当是很缓慢的，为什么仍能维持这么强大的气旋呢？这确实是一个难解之谜。

小资料：地中海上空的木星

◆地中海上空的木星

2009 年 8 月，天文爱好者在土耳其度假时拍下了这张美丽的影像。从这张全景图中可以看到，灯塔照亮了地中海的海面，木星闪耀于影像的左方，此时的木星接近于本年度最大亮度，约为－3 等，也就成为星空最亮的一颗星星，甚至比 2003 年 8 月大冲时的火星还要明亮。影像右侧是银河。

"世纪之吻"——彗木相撞

◆下方的发亮区域为撞击后温度骤然升高的红外显示

1993 年 3 月 24 日，美国天文学家尤金·苏梅克和卡罗琳·苏梅克以及天文爱好者戴维·列维，利用美国加州帕洛马山天文台的 46 厘米天文望远镜发现了一颗彗星，遂以他们的姓氏命名为苏梅克－列维 9 号彗星。这颗彗星被发现一年零两个多月后，于 1994 年 7 月 16 日至 22 日，闯入太阳系，在靠近木星的时候，受木星强大潮汐力的影响，被分解成 21 颗碎片，以每秒 60 千米速度，如 21 颗高速运动的弹头，连续向木星迅猛地撞击，产生了一连串震撼宇宙的大爆炸，所产生的能量比广岛原子弹还要大上 100 亿倍！这次撞击被称为"世纪之吻"，人们为这次可怕的撞击深感震惊。

◆苏梅克-列维9号彗星的碎片

天文学家们推测，这颗彗星环绕木星运行大概已有一个多世纪了，由于它距离地球太遥远、亮度太暗淡而久久未被发现。据当时推测，太阳系外围有一个由数十亿颗彗星构成的彗星带，由于过往星体产生的引力摄动的原因，不时有一些彗星脱离彗星带而进入太阳系。有的彗星像匆匆过客，只是从太阳系掠过，然后再回到外层空间，有的彗星则像哈雷彗星一样被吸进太阳系轨道作周期运行。苏梅克-列维9号彗星就是被木星轨道捉住的一个“不速之客”。天文学家们通过天文望远镜，看到木星表面升腾起宽阔的尘云，高温气体直冲至1000千米的高度，并在木星上留下了如地球大小的撞击痕迹。在彗木相撞前的一段时间里，木星发出的强电磁波比平时强9倍，撞击时溅落点温度瞬间上升到上万摄氏度。哈勃空间望远镜拍下了木星被撞击后的照片。从照片中可以看出，撞击后物质喷射而出，然后飞落而下，形成了一个大黑环，这个碰撞大黑环在木星大气中持续几周的时间。这次碰撞引起了高温和化学反应，生成了大量化合物，这些化合物存留在木星大气中，并在以后的几年里四处扩散。

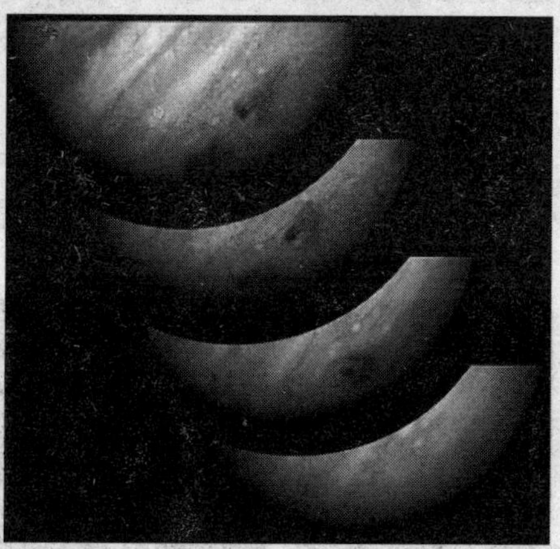

◆在彗星碎片撞击下，木星上的撞击点渐渐扩大

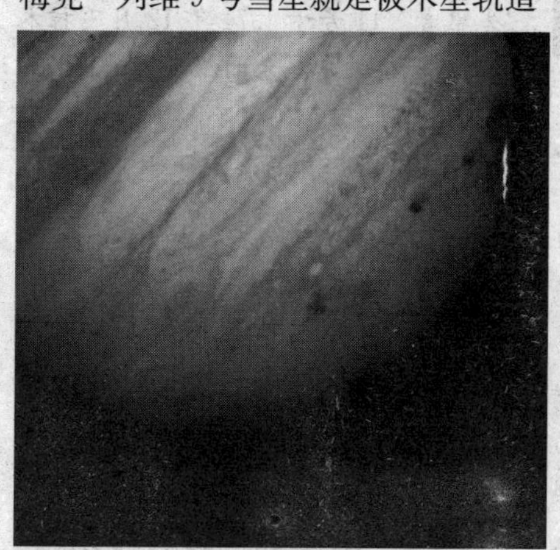

◆最终形成4个直径几万千米的深坑

彗星同时也留下了大量的一氧化碳和水，通过太阳光线的照射，科学家们相信，它们已经和木星大气中的物质发生反应生成了二氧化碳。这次撞击所影响的木星范围和地球大小相当，这样的碰撞要是发生在地球上，会造成全球性破坏。

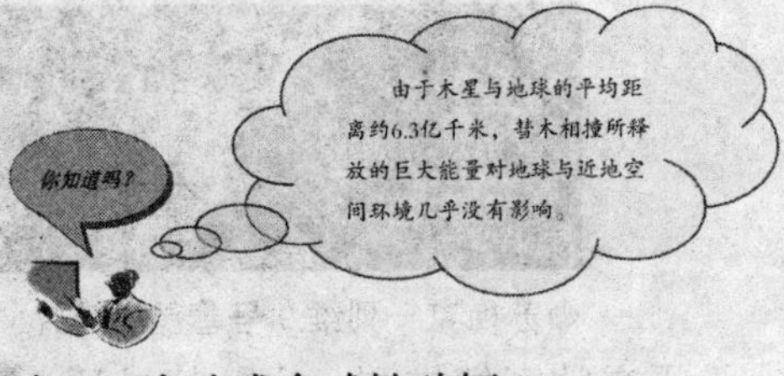

讲解：候补的“太阳”？

木星难道仅仅是行星吗？为什么不能把它看作是颗未来的恒星，看作是正在向恒星方向发展的天体呢？

木星离太阳比地球远得多，它接受到的太阳辐射也少得多，表面温度理所当然要低得多。根据计算得出的结果，木星表面温度应该是－168℃。“先驱者”11号于1974年12月飞掠木星时，测得的木星表面温度为－148℃，仍比理论值高出不少，说明木星有自己的内部热源。

◆先驱者11号

此外，太阳不仅每时每刻向外辐射出巨大的能量，同时也以太阳风等形式持续不断地向外抛射各种物质微粒。它们在行星际空间前进时，木星自然会俘获其中相当一部分。这样的话，一方面木星的质量日积月累不断增加，逐渐接近和达到成为一个恒星所必需的最低条件。

像木星内部结构之类的问题，本来就是一个假说不少、争论颇多的领域，苏切科夫等人的观点只不过使得争论更

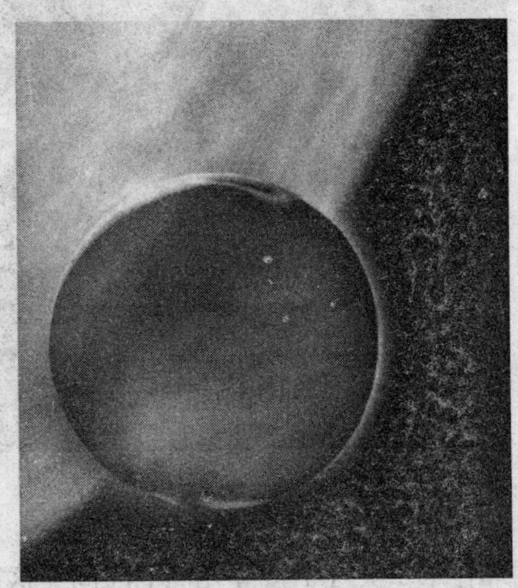

◆木星能否成为恒星？

加热烈而已。在目前的观测水平和理论水平不完善的情况下，像“木星是否正在向恒星方向演变”之类的重大自然科学之谜，不仅现在无法解答，即使是在可以预见到的将来，恐怕也未必能理出个头绪。它无疑将会在很长的一段历史时期里，一直成为科学家们孜孜不倦地探讨的课题。

伽利略卫星的风景

◆木星大红斑和木星 4 个最大的卫星的合成照片，从右到是木卫一、木卫二、木卫三、木卫四

木星是人类迄今发现的天然卫星最多的行星，目前已经发现了 63 颗卫星，俨然一个小型的太阳系：木星系。最早发现木星拥有卫星的是伽利略，1610 年 1 月，他发现了木星的最亮 4 颗卫星，并被后人命名为伽利略卫星。它们环绕在离木星 40～190 万千米的轨道带上，从靠近木星的一端数起依序为木卫一、木卫二、木卫三、木卫四。除了木卫二以外，每颗伽利略卫星都比月球大，木卫三甚至比水星还大。木卫一的大小和月球差不多，却拥有众多的活火山，地壳运动频繁。有人主张木卫一活火山的能量来自于木星强大的潮汐力。木卫二表面布满了无数条纹路花纹，上面几乎看不到陨石坑，十分奇特。这意味着木卫二的表面比较新。木卫三的半径大约为 2600 千米，是太阳系中所有卫星中最大的一个，甚至比八大行星中的水星还要大。

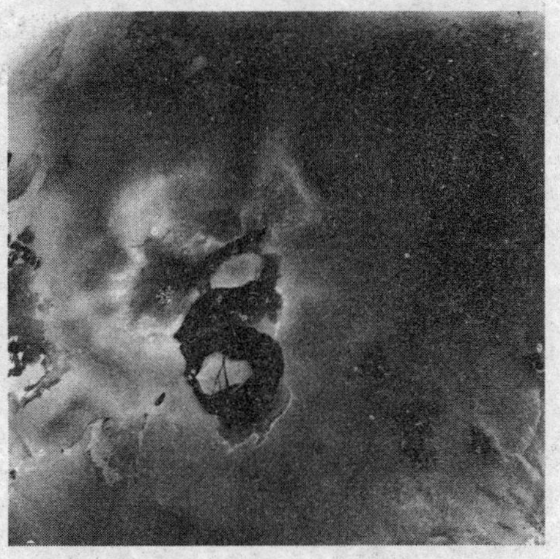

◆这张图片显示了位于木卫一北半球的一个液态硫磺湖，湖中有大量的固态硫磺

在以后的几个世纪中，人们

又接连发现了 12 颗较大的卫星，使木星卫星的总数达到了 16 颗。直到 20 世纪 90 年代中期美国伽利略号探测器飞临木星系的时候，又发现了许多以前未被发现的天然卫星，使得人类所知的木星系卫星总数达到 63 个，这个数字随着人类探索太空能力的增强很有可能增加。

◆木星卫星与月球的比较

1. 太阳系体积最大的行星是哪个？
2. 木星的大红斑是怎样形成的？
3. 科学家观察到的最近一次的彗木相撞对木星造成了怎样的破坏？
4. 木星一共有多少颗卫星？它们各自的特征是什么？

戴草帽的行星——土星

土星是太阳系中一颗美丽的行星，淡黄的球体。用望远镜看土星，它的周围有一圈明亮的环，像是戴了一顶漂亮的草帽，所以有人送它一个雅号：戴草帽的星。在罗马神话中称它为农神。

谁给土星戴上了“环”？

◆惠更斯

1610年，意大利天文学家伽利略观测到在土星的球状本体旁有奇怪的附属物。1655年，克里斯蒂安·惠更斯发现了土星的真相，但他以为土星只有一个光环围绕着，因为用他那时代的望远镜看到的这一系统只能是一个环。1675年意大利天文学家卡西尼发现土星环中间有一条暗缝，后称卡西尼环缝。他还猜测，环是由无数小颗粒构成。两个多世纪后的分光观测证实了他的猜测。但在这200年间，土星环通常被看做是一个或几个扁平的固体物质盘。直到1856年，英国物理学家麦克斯韦从理论上论证了土星环是无数个小卫星在土星赤道面上绕土星旋转的物质系统。

对土星的探测，最精彩的部分当然是土星环。“旅行者”2号于1981年8月来到土星的附近，拍到了精细、清晰的土星环照片。它再次证实土星环不仅仅是简单地分为几条，它那粗粗细细的条纹成千上万，的确像是一张硕大无比的密纹光盘。探测器传回的土星照片让科学家非常吃惊，在近处所看到的土星环，竟然是碎石块和冰块一大片，使人眼花缭乱，它们的直径从几厘米到几十厘米不等，只有少量的超过 1 米或者更大。

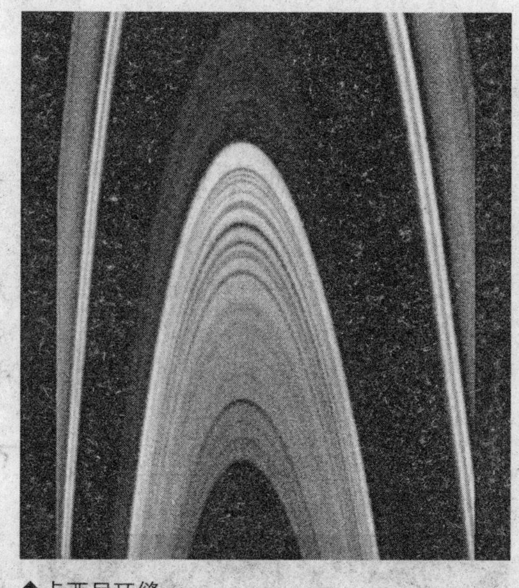

◆卡西尼环缝

土星周围的环平面内有数百条到数千条环，大小不等，形状各异。大部分环是对称地绕土星转的，也有不对称的，有完整的、比较完整的、残缺不全的。环的形状有锯齿形的，有辐射状的。令科学家迷惑不解的是，有的环好像是由几股细绳松散的搓成的粗绳一样，或者说像姑娘们的发辫那样相互扭结在一起。这是一个什么样的规律在起作用呢？目前仍在探索中。

◆近观土星环

广角镜：土星的六角星云

美国国立光学天文台的科学家们在研究“旅行者”2 号发回的土星照片时，发现了一个奇怪的现象：在土星的北极上空有个六角形的云团。这个云团以北极

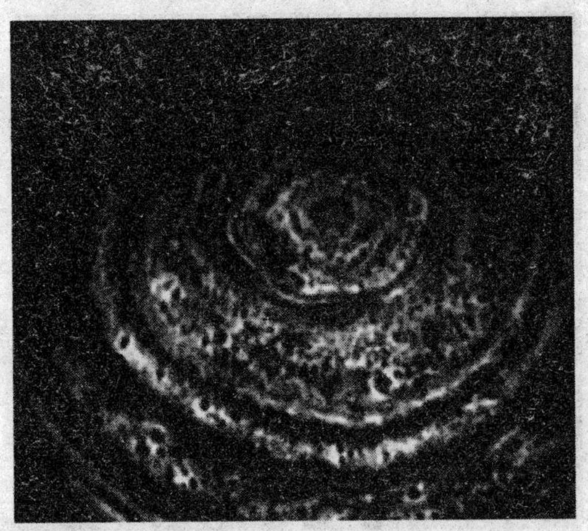

◆美国国家航空与航天局提供的土星北极六边形云团图片

点为中心，并按照土星自转的速度旋转。土星北极的六角形云团并不是“旅行者”2号直接拍到，因为“旅行者”2号并没有直接飞越土星北极上空。但它在土星周围绕行时，从各个角度拍下了土星照片。天文学家们把那些照片合成以后，才看清了土星北极上空的全貌，也才发现了那个六角形云团。这是一个非常奇特的土星景观，云团的六个边几乎等长，表现为准确的几何结构，这样的六边形巨云团在其他行星上还从未观测到。经过测量发现，云团东西横跨2.5万千米，南北纵深100千米，比人们事先想象的要深得多，其容积相当于4个地球那么大。土星北极上空六角形云团的出现，促使科学家们不得不重新认识土星。

艰巨任务——土星的探测

卡西尼—惠更斯号是美国国家航空与航天局、欧洲空间局和意大利航天局的一个合作项目，主要任务是对土星系进行空间探测。卡西尼号探测器以意大利出生的法国天文学家卡西尼的名字命名，其任务是环绕土星飞行，对土星及其大气、土星环、卫星和磁场进行深入考察。

◆“卡西尼”号探测器

1989年10月18日，美国和欧洲合作发射了“伽利略”

号太空探测器。1995年12月7日，“伽利略”号进入绕木星飞行的轨道，开始对木星和木星的四颗大卫星进行科学研究。当年，正是伽利略用望远镜发现了这四颗木星卫星。把太空探测器取名为“伽利略”号，就是为了纪念伽利略的这一发现。受到“伽利略”号成功的鼓舞，美国和欧洲进一步合作，又研制了一个飞向土星的太空探测器，并且为了纪念卡西尼当年发现土星光环的环缝，就把这颗太空探测器取名为“卡西尼”号。

◆ “卡西尼”号首次拍摄土星南极超强风暴

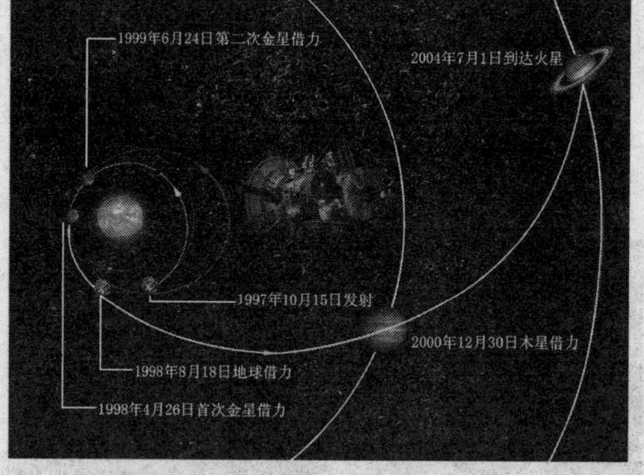

◆ “卡西尼”号探测器飞行路线示意图

“卡西尼”号发射后，首先于1998年4月在距金星284千米处飞掠，利用金星引力获得加速。之后，它绕太阳一圈，于1999年6月再次在距金星600千米处飞掠，获得金星引力的第二次加速。同年8月，“卡西尼”号在距地球1171千米处飞掠，被地球引力再次加速。

“卡西尼”号第二次离开地球后，才飞往太阳系的外层。2000年12月，它在距木星约1000万千米处飞掠，获得了木星引力的加速。这时，它的速度超过了每秒30千米。然后，它才向目的地土星飞去。

土星离开地球的距离，最近时不到13亿千米，最远时也不超过16亿千米，然而“卡西尼”号由于采用了上述迂回的飞行路线，飞往土星的行程长达35亿千米。不过，磨刀不误砍柴工，飞行的时间并没有因此增加，而燃料却大大节省了。

◆土星及其环

2004年7月1日，“卡西尼”号已经来到了土星近旁，将环土星飞行74圈，共达四年之久。“卡西尼”号的主要任务是：绕土星飞行，考察土星、土星环及其卫星大家族。2006年9月，“卡西尼”号飞船捕捉到了这张令人叹为观止的土星及土星环的照片。

讲解：土星的颜色为什么如此奇特？

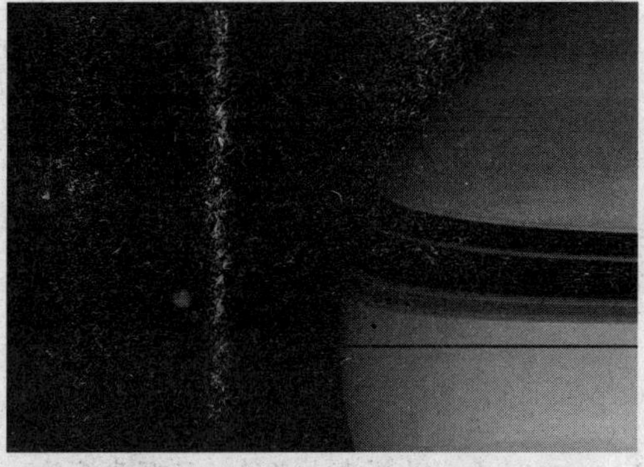

◆土星奇怪的颜色

“卡西尼”号无人飞船围绕土星运行，传回了太阳系中这颗最壮观的带环行星北半球的照片。这些照片显示，自2004年卡西尼到达土星之后，土星的北半球已经发生显著变化，如今呈现出非同寻常且出人意料的颜色。

尽管土星呈现出许多颜色的原因尚未知晓，最近颜色的改变却被认为和季节更换有关。正如上图描绘的那样，那些奇异的颜色只出现在黑暗的光环阴影北侧。图片底部由小颗粒组成的土星环薄如刀片，几乎与视线平行。被云层笼罩的巨大的土卫六犹抱琵琶半遮面，刚好出现在环上方，倘若你仔细观察，还会发现其他三颗卫星。“卡西尼”号于2004年抵达土星，传回了数据和图片，不但使我们加深了对这颗类木行星的大气、卫星和环的了解，还增添了新的谜团。

链接：最多的兄弟——土卫大家族

土星的美丽环由无数个小块物体组成，它们在土星赤道面上绕土星旋转。土星还是太阳系中卫星数目最多的一颗行星，周围有许多大大小小的卫星紧紧围绕着它旋转。近几年随着观测技术的不断提高，大行星卫星的数量急剧攀升，目前已发现的土星卫星就已经超过了60颗。土星卫星的形态各种各样。最著名的“土卫六”上有大气，是目前发现的太阳系卫星中，唯一有大气存在的天体。

◆土星的卫星电脑合成图

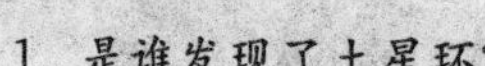

1. 是谁发现了土星环？
2. 土星表面的颜色为何如此绚丽？
3. 土星有多少颗卫星？
4. 人类为探索土星进行了哪些活动？

离太阳最远的行星——天王星和海王星

按照距离太阳由近及远的次序，天王星是是第七颗。在西方，天王星被称为“乌拉诺斯”，他是第一位统治整个宇宙的天神。海王星是环绕太阳运行的第八颗行星，也是太阳系中第四大天体（直径上）。海王星在直径上小于天王星，但质量比它大。由于它那荧荧的淡蓝色光，西方人用罗马神话中的海神——“尼普顿”的名字来称呼它。

躺在轨道上运行的行星——天王星

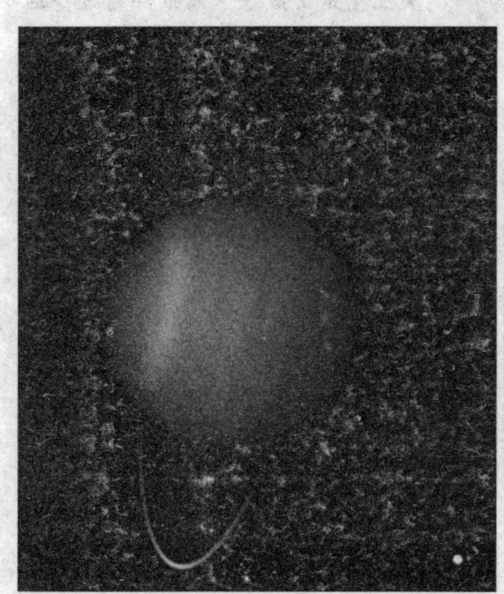

◆横卧前进的星球——天王星

天王星显蓝色是其外层大气层中的甲烷吸收了红光的结果。那儿或许有像木星那样的彩带，但它们被覆盖着的甲烷层遮住了。像其他所有气态行星一样，天王星也有环。它们像木星的环一样暗，但又像土星的环那样由相当大的直径达到10米的岩石和细小的尘埃组成。已知天王星环由11个小环组成，但都非常暗淡；最亮的那个被称为Epsilon环。天王星的环是继土星环被发现后第一个被发现的，这一发现被认为是十分重要的，由此我们知道了环是行星的一个普遍特征，而不是仅为土星所特有的。“旅行者”2号发现了继已知的5颗大卫星后的10颗小卫星。看来在环内还

有一些更小的卫星。

有时在晴朗的夜空，刚好可用肉眼看到模糊的天王星，但如果你知道它的位置，通过双筒望远镜就十分容易观察到了。通过一个小型的天文望远镜可以看到一个小圆盘状。

◆天王星环由岩石和细小的尘埃组成

小故事：天王星的发现

◆威廉·赫歇耳——天王星的发现者

天王星是由威廉·赫歇耳通过望远镜系统地搜寻，在1781年3月13日发现的，它是现代发现的第一颗行星。事实上，它曾经被观测到许多次，只不过当时被误认为是另一颗恒星。由于其他行星的名字都取自希腊神话，因此为保持一致，把它称为“乌拉诺斯”（天王星），但直到1850年才开始广泛使用。只有一艘行星际探测器曾到过天王星，那是在1986年1月24日由旅行者2号完成的。大多数的行星总是围绕着几乎与黄道面垂直的轴线自转，可天王星的轴线却几乎平行于黄道面。在“旅行者”2号探测的那段时间里，天王星的南极几乎是接受太阳直射的。这一奇特的事实表明天王星两极地区所得到来自太阳的能量比其赤道地区所得到的要高。然而天王星的赤道地区仍比两极地区热。这其中的原因还不为人知。

天王星的伴侣——五大卫星

天王星至少有15颗卫星，有天文学家确定为21颗。其中天卫一到天卫五是五个主要的大卫星。天卫一、天卫二、天卫三、天卫四同内侧相邻卫星的距离比都在1.34～1.64之间，这表明它们同天王星的距离分布颇有规律性。天王星的5颗卫星都在接近圆形的轨道上绕天王星转动，轨道面和天王星赤道面的交角又很小，因此，它们都是规则卫星。天卫五、天卫一、天卫二、天卫三和天卫四绕天王星的公转周期分别为1.414日、2.520日、4.144日、8.706日和13.463日。在太阳系诸多卫星中，天王星卫星都是中等大小和中等质量的，它们的直径在300～1000千米之间。除了五个大卫星外，天王星其他小卫星都很小，半径均不超过100千米，多数小于50千米，有的不足10千米。

◆天王星的五颗大卫星

遥远的蓝色星球——海王星

海王星的质量是地球的 17 倍，平均密度 1.64 克/立方厘米，体积超过地球 44 倍。它的轨道接近正圆，平均距离太阳 44.97 亿千米，是地球到太阳距离的 30 倍，绕太阳公转一周需要 164.79 年。它的赤道面与轨道面所形成的角度与比地球稍大，也有一年四季的变化，但冬季和夏季的温差不大，每季长达 41 年以上。由于看不到海王星表面的特征，所以确定它的自转周期很困难，最新测定自转一周为 16 小时 7 分。

◆罗马神话中的海神

海王星的组成成分与天王星的很相似：各种各样的“冰”和含有 15% 的氢和少量氦的岩石。海王星相似于天王星但不同于土星和木星，它或许有明显的内部地质分层，但在组成成分上有着或多或少的一致性。但海王星很有可能拥有一个岩石质的小型地核（质量与地球相仿）。它的大气多半由氢气和氦气组成，还有少量的甲烷。

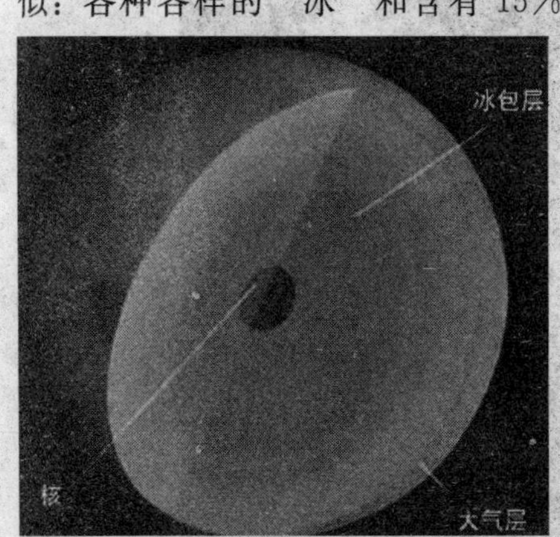

◆海王星的结构

广角镜：海王星大暗斑

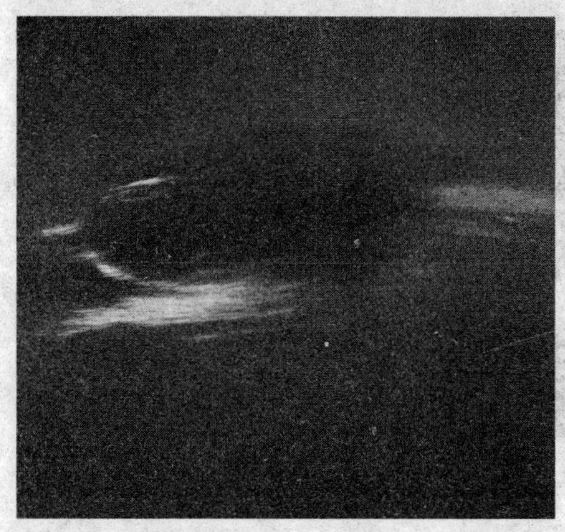

◆海王星大暗斑

1989年美国“旅行者”2号空间探测器经过海王星时，发现其大气中有相当大的湍流。探测器观测到，在海王星南半球有一个巨大的风暴系统，即所谓的“大暗斑”，其中的风速达到每秒500多米，超过地球上的声速。在此风暴的上方漂移着类似卷云的柔云，而在南极附近则是一些宽的云带，颜色由浅蓝到深蓝，变化不定。由于海王星接收到的太阳能以及内部产生的能量都不及木星和土星，所以海王星不能产生太多的风暴。不过，其后在1994年6月哈勃空间望远镜再观测海王星时，发现大暗斑已经消散。温度测量表明，海王星也像木星和土星一样，内部具有热源。

谁发现了海王星？

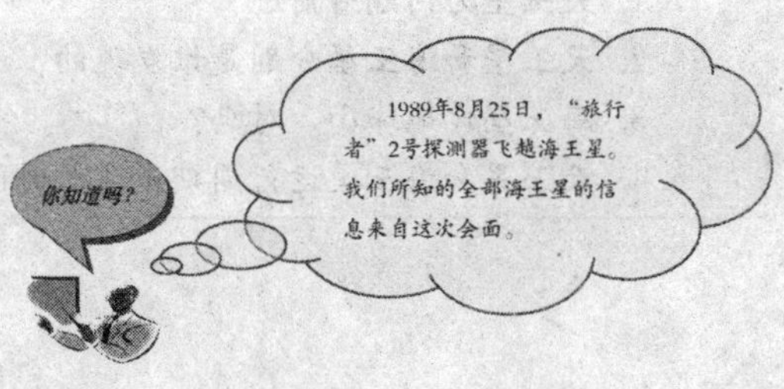

1781年赫歇耳发现天王星以后，有人利用建立在牛顿力学基础上的摄动理论来计算天王星的位置，但结果总是与观测值不符。有人怀疑这一理论是否可靠；也有人认为是天王星外还存在一个大行星，使天王星受到摄动而改变了位置。当时，大多数天文学家赞成后一种假说。英国24岁的剑桥大学数学系的学生亚当斯于1845年算出了这个摄动行星的轨道和质量。他把结果通知英国几位天文学家，但未引起注意。1845年夏天，法国的巴黎天文台的勒威耶也开始研究

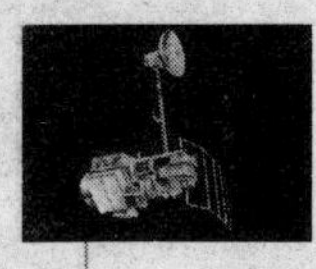

这个问题，并于1846年6月1日和8月31日发表了两个报告。同年9月18日勒威耶把他的研究结果寄给柏林天文台的伽勒。伽勒收到信后立刻进行观测，果然在和勒威耶预报相差不到1°的位置上找到了这颗新行星，命名为海王星。

◆海王星体积是地球的44倍

1. 天王星为何躺着前进？
2. 天王星和海王星分别是谁发现的？
3. 海王星比地球小，对吗？
4. 天王星和海王星运行周期是多长时间？

在冥王星以外——柯伊伯带和喀戎

在内太阳系有四颗所谓的类地行星，火星处于最外层。再往外是由气体和冰构成的超大行星。再往外，才是埋没在大群小行星和彗星之中的由冰和岩石构成的冥王星。其中还有柯伊伯带和神秘天体喀戎。

太阳系的边界——柯伊伯带

50 年前，一位名叫吉纳德·柯伊伯的科学家首先提出在海王星轨道外存在一个小行星带，后被称为柯伊伯带，其中的星体被称为柯伊伯天体。1992 年，人类发现了第一个柯伊伯天体；今天，我们知道 KBO 柯伊伯带有大约 10 万颗直径超过 100 千米的星体。

◆“新视野”卫星探测柯伊伯带

柯伊伯带天体，是太阳系形成时遗留下来的一些团块。在 45 亿年前，有许多这样的团块在更接近太阳的地方绕着太阳转动，它们互相碰撞，有的就结合在一起，形成地球和其他类地行星，以及气体巨行星的固体核。在远离太阳的地方，那里的团块处在深度的冰冻之

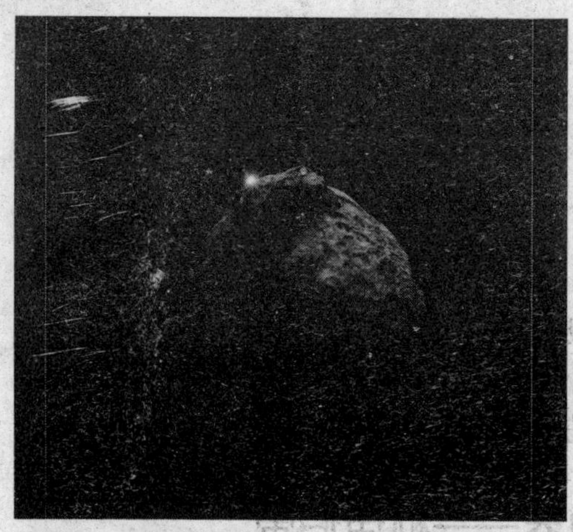
◆哈勃空间望远镜发现了迄今在可见光波段看到的最小柯伊伯带天体

中，就一直原样保存了下来。柯伊伯带天体也许就是这样的一些遗留物，它们在太阳系刚开始形成的时候就已经在那里了。

柯伊伯带，是太阳系大多数彗星的来源地。有天文学家认为，由于冥王星的大小和柯伊伯带的小行星的大小相约，所以冥王星应该排除在九大行星之列，而归入柯伊伯带小行星的行列当中；而冥王星的卫星则应被当作是冥王星的伴星。柯伊伯带上的这些物体是怎么成形的呢？如果按照行星形成的吸积理论来解释，那就是它们在绕日运动的过程中发生碰撞，互相吸引，最后形成一个个大小不一的天体。

广角镜：行星扩容——可能修改教科书

2003年，柯伊伯带上的“齐娜”星被发现，这颗天体的体积比同在柯伊伯带上的冥王星大，就此引发了一场大讨论：“齐娜”能否加入到行星行列？

◆柯伊伯带上的“齐娜”星

为了给“齐娜”一个恰当的名分，天文学家们想到了重新对“行星”下定义，以此重新划定行星家族。此次在捷克举行的天文学大会上，提交审议的行星定义是：“绕恒星运动，质量较大而且大致呈球形”。

行星扩容可能会给公众带来麻烦。因为在柯伊伯带，人类还可能发现像“齐娜”一样比冥王星大的天体，一旦行星家族不断扩容，教科书必将因此不断改动，给学生学习、大众认知都会造成困难。天文学联合会于2006年8月24日决定：“齐娜”并不算一颗真正的行星，冥王星也不能算是。它俩都是柯伊伯带天体，而柯伊伯带是海王星外的一条冰带。所以，在太阳系内其实只有八颗行星。

新天体——喀戎

◆半人马——喀戎

喀戎是希腊神话里一个半人马的名字。半人马居住位于在希腊中东部屏达思山和爱琴海之间叫做塞萨利和阿卡迪亚的地区。他们经常因为放荡和好色而被描述成酒神狄俄尼索斯的追随者。他们中的一个例外是喀戎。喀戎不像其他的半人马般凶残野蛮，而以其和善及智慧著称，所以在中文里也常被美称为人马。

喀戎在天文学上是指类似喀戎星（小行星2060号）的，又称“柯瓦尔天体”的天体。那是一颗位于土星和天王星轨道之间的远日小行星。

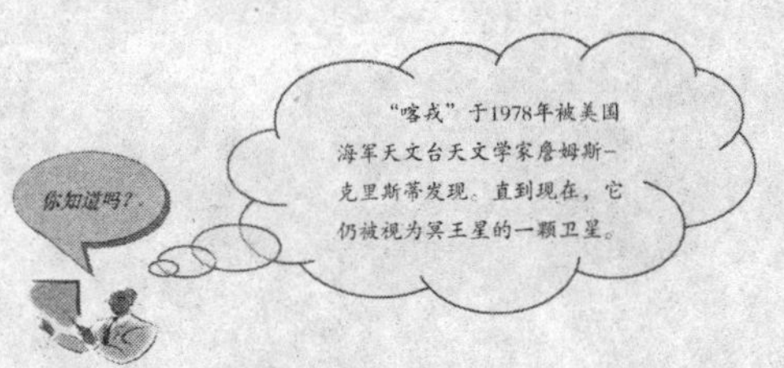

“喀戎”与冥王星一样，拥有足够的质量使自身呈球形，它也满足行星的新定义从而可能成为行星。有一些天文学家还认为，冥王星和“喀戎”构成一个双星系统，因为它们共同的引力中心位于冥王星表面外的自由空间。

1. 柯伊伯带和神秘天体喀戎位置在哪里?
2. 柯伊伯带和神秘天体喀戎是由什么组成的?
3. 柯伊伯带是太阳系的边界吗?
4. 神秘天体喀戎是谁在什么时候发现的?

地球的好姐妹——探寻类地行星

太阳系就像是天上的巨大旋转木马——各种各样的天体围绕着太阳飞速旋转。太阳系只是银河系中的一个成员。在银河系中，究竟有多少颗类似太阳的恒星，这是天文学和宇宙学中的一个正在研究的问题。

坚硬石质外壳的“类地行星”

美国天文学家在太阳系外发现了一颗类似地球的行星，这颗行星表面温度非常高，不适合任何已知的生命形式，但它的发现预示着宇宙中可能存在更适宜已知生命形式的行星。这颗最新发现的行星距离地球大约 15 光年，围绕太阳系外一颗名为“格利泽 876”的恒星公转，公转周期仅为 1.94 个地球日。这是目前人类所发现的最小的有行星环绕的恒星。这颗行星的表面结构与地球非常类似，也是由岩石构成的，这也是

◆类地行星运行想象图

我们首次发现一个新等级的岩石地表行星。据科学家测算，这颗行星的质量约是地球的5.9到7.5倍。先前发现的质量最轻的太阳系外行星其质量至少是地球的15倍。虽然还没有掌握任何直接的证据表明这颗行星是岩石状地表，但从它的质量来看，研究人员们认为，其内核可能由铁或镍构成，表面覆盖硅，大气层中甚至可能有水蒸气。科学家们估计，这颗行星表面温度高达200℃～400℃，地球生命无法存活。

◆科学家们发现的太阳系外类地行星

寻找外星生命

研究者普遍认为，外星生命的存在一般要符合以下规律：首先，行星系中要有类地行星，即所谓的“可居住区”；其次，该地区的温度不能过

◆宇宙中岩石陆地行星

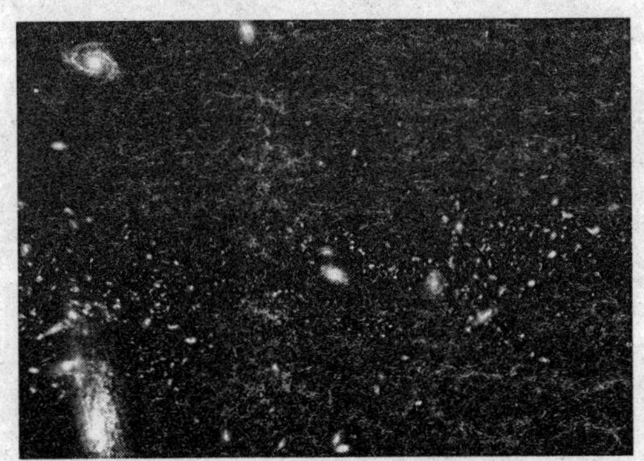

◆茫茫无际的宇宙，到底有没有像地球一样的行星?

高或过低，应该能够让水以液态的形式存在；第三：固态行星要比气态行星更适合生存。科学家发现了距地球20光年之遥的行星“格里斯876”，并且认为它是外太空“第一颗适合人类居住的行星”，但后来经过一系列试验，研究人员认为它不太可能有生命存在，因为它的结构和地球有很大不同。而此次新发现展现了一个太阳系的类似物，或者说是一个“缩小了的太阳系”，科学家对外星生命环境的分析又有了新目标。人们有理由进一步猜测，这个新行星系中有尚待发现的固态行星，甚至“小地球”。

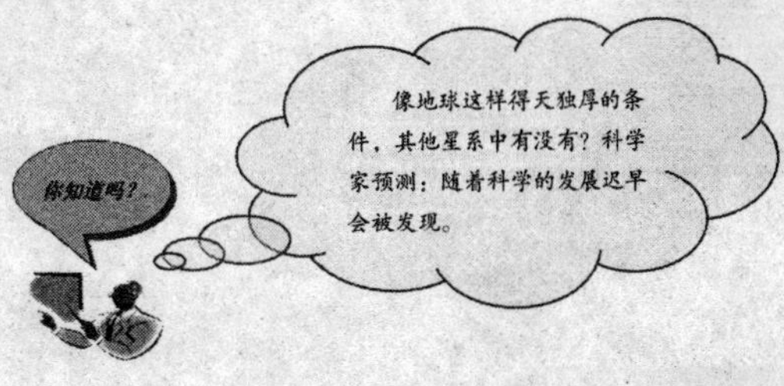

解

观

1. 什么是类地行星?
2. 类地行星有哪些?
3. 除了地球，其他的类地行星还有生命存在吗?
4. 科学家在太阳系外发现类地行星了吗?

飞出银河系

——宇宙的无限遐想

鉴于宇宙尺度的宽广，即使飞船的速度可以达到光速，但到离太阳最近的恒星——比邻星飞一个来回，仍需要近 10 年的时间，在银河系转一圈需要几十万年，要飞出银河系，到达最近的仙女星系，需要 230 多万年，而要在宇宙中周游，则需要几百亿年的时间。但是随着科学的发展，人类终将飞出地球，走向宇宙。

银河系中的恒星集团——星团

银河系是一个庞大的恒星集团，它包含了至少一千亿颗恒星。这些恒星当中孤身独处的占少数，大多恒星都是有“家”的。在银河系中存在着一种比双星和聚星庞大得多的、彼此之间存在物理联系的恒星集团——星团。

群星荟萃——壮丽的星团

恒星往往成群分布。一般地，我们把恒星数在十个以上而且在物理上相互联系的星群叫做“星团”。比如金牛座中的“昴星团”、“毕星团”，巨蟹座的“蜂巢星团”等。

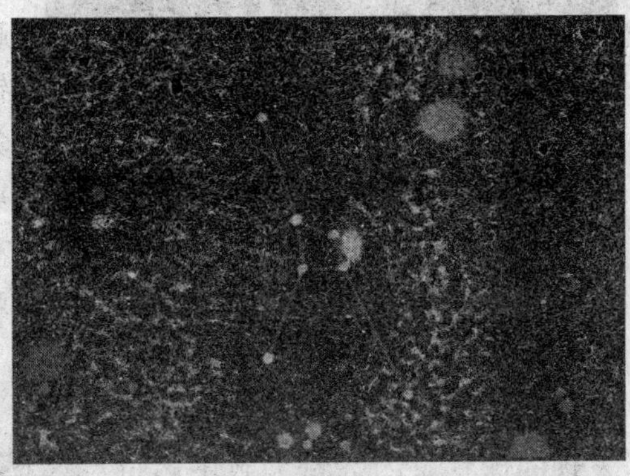

◆在巨蟹座中央的δ星附近，可以看到一小团白色的雾气，它是一个星团，天文学上称为“蜂巢星团”。这个星团的成员有200多颗，距离我们520光年

由十几颗到几千颗恒星组成的，结构松散，形状不规则的星团称为疏散星团，它们主要分布在银道面因此又叫做银河星团，主要由蓝巨星组成，例如昴星团；由上万颗到几十万颗恒星组成，整体像圆形，中心密集的星团称为球状星团。球状星团呈球形或扁球形，与疏散星团相比，它们是紧密的恒星集团。这类星团包含1万到1000万颗恒星，成员星的平均质量比太

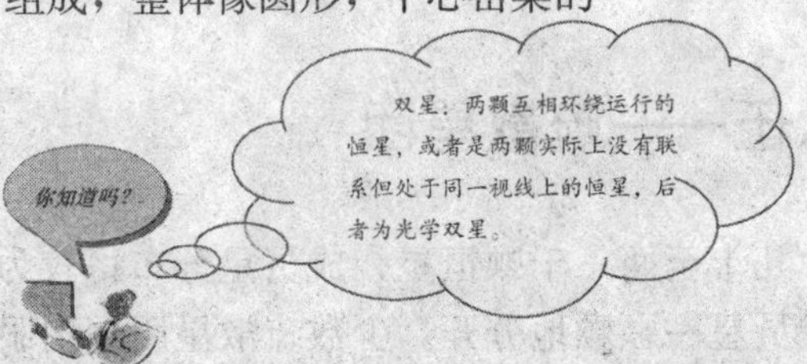

阳略小。用望远镜观测，在星团的中央恒星非常密集，不能将它们分开，如猎犬座中的 M3 和人马座中的 M22 等。

中老年组——球状星团

◆天蝎座中的球状星团：M80。数以万计金光灿灿的恒星密密麻麻地聚在一起，多么壮观

在银河系中已发现的球状星团有 150 多个。它们在空间上的分布颇为奇特，其中有三分之一就在人马座附近仅占全天空面积百分之几的范围内。天文学家最初正是根据这个现象领悟到太阳离开银河系中心相当远，而银河系的中心就在人马星座方向。跟疏散星团不同，球状星团并不向银道面集中，而是向银河系中心集中。它们离开银河系中心的距离极大多数在 6 万光年以内，只有很少数分布在更远的地方。球状星团的光度大，在很远的地方也能看到，而且被浓密的星际尘埃云遮掩的可能性不大，因此未发现的球状星团数量大致不超过 100 个，总数比疏散星团少得多。

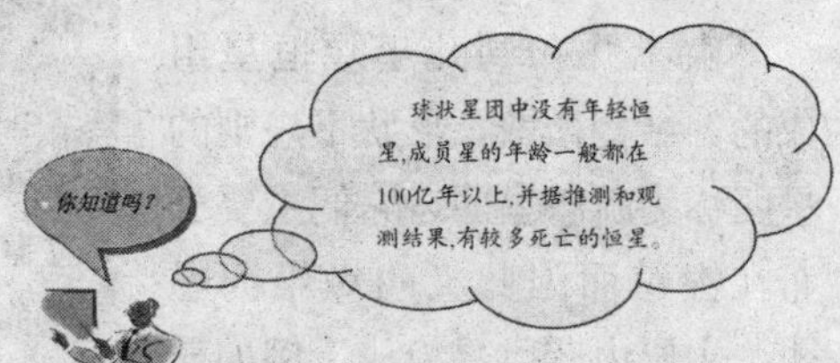

球状星团的直径在 15 至 300 多光年范围内，成员星平均空间密度比太阳附近恒星空间密度约大 50 倍，中心密度则大 1000 倍左右。

松散的队伍——疏散星团

疏散星团形态不规则，包含几十至两三千颗恒星，成员星分布得较为松散，用望远镜观测，容易将成员星一颗颗地分开。少数疏散星团用肉眼

◆疏散星团：巨蟹座中的鬼星团

就可以看见，如金牛座中的昴星团（M45）和毕星团，巨蟹座中的鬼星团（M44）等。

在银河系中已发现的疏散星团有1000多个．它们高度集中在银道面的两旁，离开银道面的距离一般小于600光年左右，大多数已知道疏散星团离开太阳的距离在1万光年以内。更远的疏散星团无疑是存在的，它们或者处于密集的银河背景中不能辨认，或者受到星际尘埃云遮挡无法看见。据推测，银河系中疏散星团的总数有1万到10万个。

疏散星团的直径大多数在3至30多光年范围内。有些疏散星团很年轻，与星云在一起（例如昴星团），甚至有的还在形成恒星。

美丽的疏散星团——昴星团和毕星团

昴星团位于金牛座。金牛座位于赤经4°20′，赤纬17°，在英仙座和御夫座之南，猎户座之北。金牛座内有著名的昴星团和毕星团，以及M1蟹

◆最美丽的疏散星团：金牛座昴星团

◆毕星团与昴星团的相对位置

状星云，以“两星团加一星云”而闻名。

眼力好的人可以看到昴星团中的7颗亮星，所以我国古代又称它为“七簇星”。昴星团距离我们417光年，直径达13光年，用大型望远镜观察，可发现昴星团有280多颗星。另一个疏散星团叫毕星团，它位于毕宿五附近，但毕宿五不是它的成员。毕星团距离我们143光年，是离我们最近的星团。毕星团用肉眼可看到五六颗星，实际上大约有300颗。

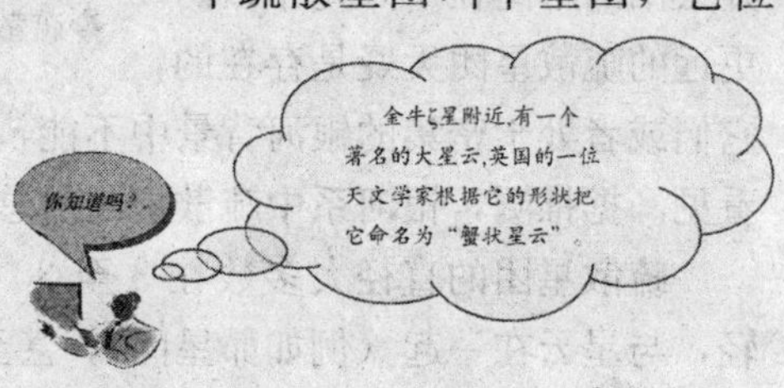

广角镜：移动中的星团

有些银河星团的成员星自行速度和方向很相近，有从一个辐射点分散开来或向一个会聚点会集的倾向。这种可定出辐射点或会聚点的星团被称为移动星团。已知的移动星团有毕星团、昴星团、大熊星团、鬼星团、英仙星团、天蝎一半人马星团和后发星团等七个星团。

◆M45昴宿星团的年龄约为5000万年，是一个移动星团

1. 银河系里有多少颗恒星?
2. 星团分为哪几类? 分别是什么?
3. 球状星团有多大? 它的平均密度是多少?
4. 昴星团位于哪个星座? 在这个星座中还有哪一个著名的星云?

多姿多彩的气体和尘埃——星云

当我们提到宇宙空间时，我们往往会想到那里是一无所有的、黑暗寂静的真空。其实，这不完全对。恒星之间广阔无垠的空间也许是寂静的，但远不是真正的“真空”，而是存在着各种各样的物质。这些物质包括星际气体、尘埃和粒子流等，人们把它们叫做“星际物质”。星际物质在宇宙空间的分布并不均匀。在引力作用下，某些地方的气体和尘埃可能相互吸引而密集起来，形成云雾状。人们形象地把它们叫做“星云”。

恒星的“近亲”——星云

同恒星相比，星云具有质量大、体积大、密度小的特点。一个普通星云的质量至少相当于上千个太阳，半径大约为 10 光年。按照形态，银河系中的星云可以分为弥漫星云、行星状星云等几种。

万 花 筒

星云的成分

星云是由星际空间的气体和尘埃结合成的云雾状天体。它们的主要成分是氢，其次是氦，还含有一定比例的金属元素和非金属元素。近年来的研究还发现含有有机分子等物质。

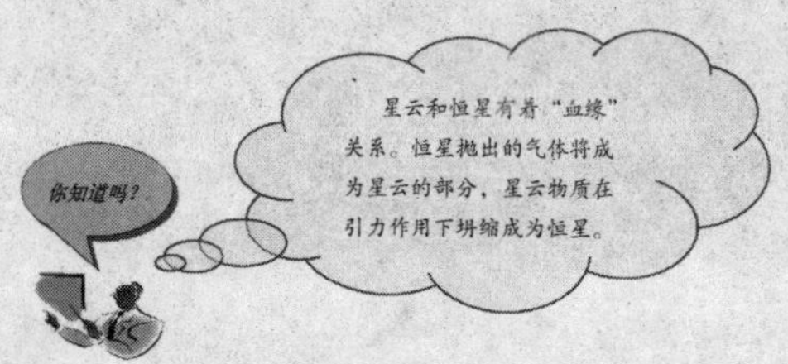

常根据星云的位置或形状命名星云，例如：猎户座大星云、天琴座大星云、蟹状星云等。星云里的物质密度是很低的，若拿地球上的标准来衡量的话，有些

地方是真空的。可是星云的体积十分庞大，方圆常常达几十光年。

在一定条件下，星云和恒星是能够互相转化的。最初所有在宇宙中的云雾状天体都被称作星云。后来随着天文望远镜的发展，人们的观测水准不断提高，才把原来的星云划分为星团、星系和星云三种类型。

小故事：星云的发现

1758 年 8 月 28 日晚，一位名叫梅西耶的法国天文学家在巡天搜索彗星的观测中，突然发现一个在恒星间没有位置变化的云雾状斑块。梅西耶根据经验判断，这块斑形态类似彗星，但它在恒星之间没有位置变化，显然不是彗星。这是什么天体呢？在没有揭开答案之前，梅西耶将这类发现（截止到 1784 年，共有 103 个）详细地记录下来。其中第一次发现的金牛座中云雾状斑块被列为第一号，即 M1，“M”是梅西耶名字的缩写字母。梅西耶建立的星云天体序列，至今仍然在被使用。他的不明天体记录（梅西耶星表）发表于 1781 年，引起英国著

◆查尔斯·梅西耶——法国天文学家。他的成就在于给星云、星团和星系编上了号码，并制作了著名的“梅西耶星团星云列表”

名天文学家威廉·赫歇耳的高度注意。在经过长期的观察核实后，赫歇耳将这些云雾状的天体命名为星云。

发射星云

发射星云是受到附近炽热的恒星激发而发光的，这些恒星所发出的紫外线会电离星云内的氢，令它们发光。

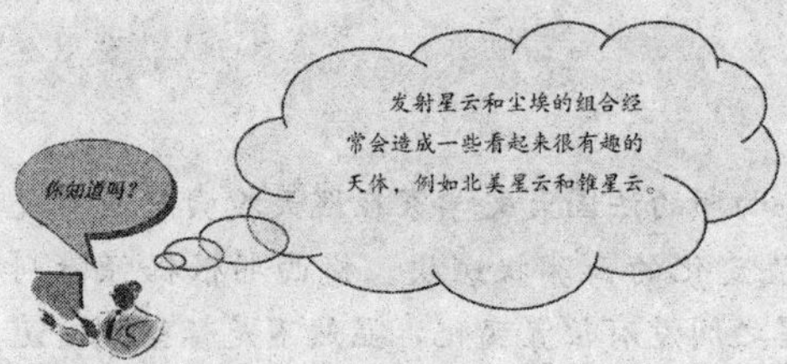

在北半球，最著名的发射星云是在天鹅座的北美星云（NGC 7000）和网状星云（NGC 6960/6992）；在南半球最好看的则是在人马座的礁湖星云（M8/NGC 6523）和猎户座的猎户星云（M42）。在南半球更南边的则是明亮的卡利纳星云（NGC 3372）。

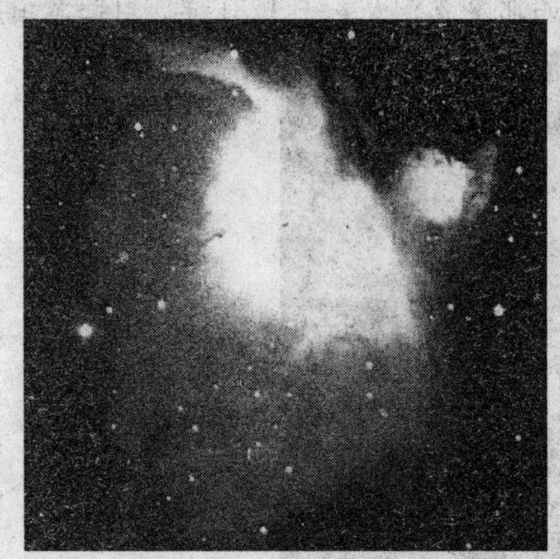
◆最明亮的发射星云——猎户星云

◆天鹅座的北美星云（NGC 7000）

反射星云和暗星云

反射星云是靠反射附近恒星的光线而发光的，呈蓝色。由于散射对蓝光比对红光更有效率（这与天空呈现蓝色和落日呈现红色的过程相同），

所以反射星云通常都是蓝色。

以天文学的观点，反射星云只是由尘埃组成，单纯地反射附近恒星或星团光线的云气。这些邻近的恒星没有足够的热让云气像发射星云那样因被电离而发光，但有足够的亮度可以让尘粒因散射光线而被看见。因此，反射星云显示出的频率光谱与照亮它们的恒星相似。

◆猎户座内美丽的反射星云——NGC1977，NGC1975 以及 NGC1973

如果气体尘埃星云附近没有亮星，则星云是黑暗的，即为暗星云。暗星云由于它既不发光，也没有光供它反射，但是会吸收和散射来自它后面的光线，因此可以在恒星密集的银河中以及明亮的弥漫星云的衬托下被发现。

◆最有特色的暗星云——马头星云

暗星云的密度足以遮蔽来自背景的发射星云或反射星云的光（比如马头星云），或是遮蔽背景的恒星。

天文学上的消光通常来自大的分子云内温度最低、密度最高部分的星际尘埃颗粒。大而复杂的暗星云聚合体经常与巨大的分子云联结在一起，小且孤独的暗星云被称为巴克球。

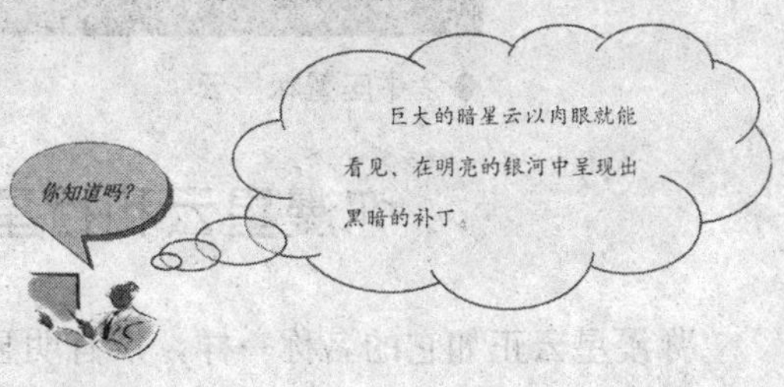

广角镜：超新星遗迹——蟹状星云

超新星遗迹也是一类与弥漫星云性质完全不同的星云，它们是超新星爆发后抛出的气体形成的。与行星状星云一样，这类星云的体积也在膨胀之中，最后也趋于消散。

最有名超新星遗迹是金星座中的蟹状星云。它是由一颗在1054年爆发的银河系内的超新星留下的遗迹。在这个星云中央已发现有一颗中子星，但因为中子星体积非常小，用光学望远镜不能看到。它是因为它有脉冲式的无线电波辐射而发现的，并在理论上确定为中子星。

◆金牛座蟹状星云

弥漫星云和行星状星云

弥漫星云正如它的名称一样，没有明显的边界，常常呈现为不规则的形状，犹如天空中的云彩，但是它们一般都得使用望远镜才能观测到，很多只有用天体照相机作长时间曝光才能显示出它们的真容。它们的直径在几十光年左右，密度平均为每立方厘米10～100个原子（事实上这比实验

室里得到的真空要低得多)。它们主要分布在银道面附近。比较著名的弥漫星云有猎户座大星云、马头星云等。弥漫星云是星际介质集中在一颗或几颗亮星周围而造成的亮星云，这些亮星都是形成不久的青年恒星。

◆弥漫星云

行星状星云呈圆形、扁圆形或环形，有些与大行星很相像，因而得名，但和行星没有任何联系。不是所有行星状星云都是呈圆面的，有些行星状星云的形状十分独特，如位于狐狸座的 M27 哑铃星云及英仙座中 M76 小哑铃星云等。

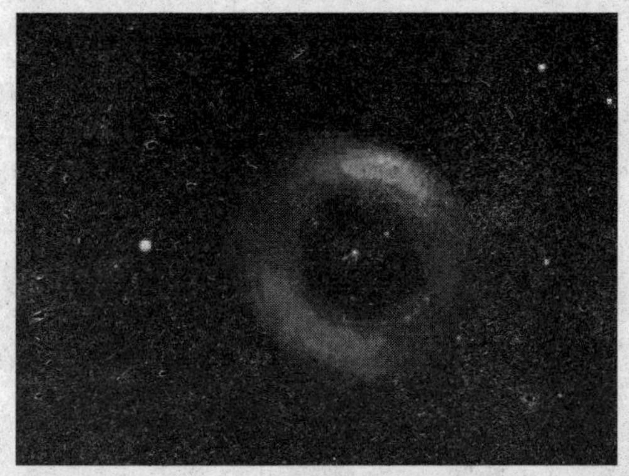

◆天琴座的行星状星云，赫歇耳首先发现的

样子有点像吐出的烟圈，中心是空的，而且往往有一颗很亮的恒星在行星状星云的中央，称为行星状星云的中央星，是正在演化成白矮星的恒星。中央星不断向外抛射物质，形成星云。可见，行星状星云是恒星晚年演化的结果，它们是跟太阳差不多质量的恒星演化到晚期，核反应停止后，走向死亡时的产物。比较著名的有宝瓶座耳轮状星云和天琴座环状星云，这类星云与弥漫星云在性质上完全不同，这类星云的体积处于不断膨胀之中，最后趋于消散。行星状星云的“生命”是十分短暂的，通常这些气壳在数万年之内便会逐渐消失。

1. 星云有什么特点?
2. 天文学家梅西耶对星云的研究有什么影响?
3. 反射星云为什么能发光?它发出的是什么颜色的光?
4. 天琴座的行星状星云,是赫歇耳首先发现的吗?

奇异美丽的天象
——星系之间的相互吸引

天文学中将有些处于引力不稳定状态下，由于引力的作用互相干扰而破坏了正常形态的一对星系或多重星系称为互扰星系。星系之间的相互吸引、碰撞，加速了星系的演化，也产生出多种多样奇异美丽的天象。

是谁发现了星系？

星系一词源自于希腊文中的 glaxias，是指由无数的恒星系（当然包括恒星自身）、尘埃（如星云）组成的天体系统。就像我们的银河系，是一个包含恒星、气体的星际物质、宇宙尘和暗物质，并且受到引力束缚的大质量系统。典型的星系，从只有数千万颗恒星的矮星系

◆像这样由几十亿至几千亿颗恒星以及星际气体和尘埃物质等组成的天体系统，称为星系

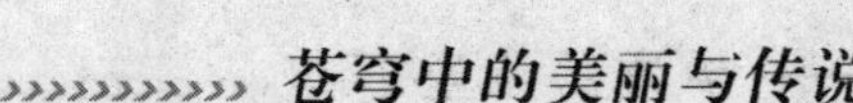

到上千亿颗恒星的椭圆星系都有，全都环绕着质量中心运转。除了单独的恒星和稀薄的星际物质之外，大部分的星系都有数量庞大的多星系统、星团以及各种不同的星云。

◆美国天文学家哈勃

星系，是宇宙中庞大的星星的“岛屿”，它也是宇宙中最大、最美丽的天体系统之一。到目前为止，人们已在宇宙观测到了约1000亿个星系。它们中有的离我们较近，可以清楚地观测到它们的结构；有的非常遥远，目前所知最远的星系离我们有将近150亿光年。

1923至1924年在威尔逊天文台时，美国天文学家哈勃发现仙女大星云的12颗造父变星，根据周光关系，推算出它们位于银河系以外，是与银河系一样的恒星系统，这一发现使哈勃成为星系天文学的奠基人。

都是引力在作怪

“带孩子”的星系

猎犬座的边缘，有一个著名的河外星系M51。在它的旁边有一个伴星系NGC5195。它的结构受M51的引力作用而发生了畸变。M51靠近NGC5195

◆ 带孩子的星系——M51

的旋臂，也因受伴星系的强烈扰动作用而大大偏离了正常位置，直奔伴星系而去，形成了连接它们的物质桥。天文学家戏称M51为“带孩子”的星系。

互扰星系

左下图是大犬座的一对互扰星系。两星系的接壤处，在大星系NGC2207的拖拉作用下，小星系IC2163已经产生了变形。到一定的时候，星系之间的这种相互拉近的力量将会足够大，以至数十亿年后，它们就会合并成一个星系。

车轮星系

是由一个较大的和一个较小的星系碰撞而形成的。小星系碰上大星系，增加了大星系的引力，将大星系周围的恒星吸引到星系中心。当小星系远离大星系时，大星系的引力骤减，原先被吸引到星系中心的那些恒星又四离散去，形成美丽的车轮的光环。

◆一对紧密相邻的旋涡星系 NGC2207 和 IC2163

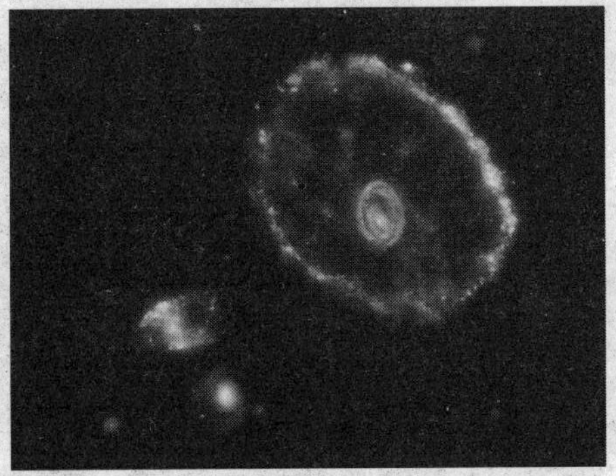

◆ 车轮星系

天线星系

NGC4038 和 NGC4039 是宇宙太空中一对著名的“天线星系”。两个星系由于碰撞而“长出”的两条细长、弯曲的“天线”，又酷似昆虫的一对触角。哈勃空间望远镜拍摄的高清晰度的照片，展现出两个星系碰撞的直观景象。

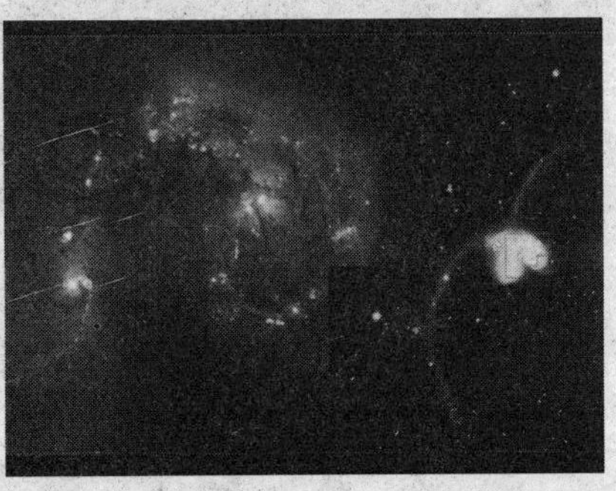

◆ 天线星系

1. 是谁发现了星系？

2. 星系有什么特点？

3. 由于引力的作用使星系之间出现了怎样的天文奇观？

4. 除了本节中介绍的星系，你还知道其他的星系吗？请例举出一些你所知道的星系。

未揭开的谜——宇宙的未来与暗物质

大爆炸宇宙学确认我们的宇宙正在膨胀之中，那么，是否会一直膨胀下去呢？要想弄清楚这个问题，就要看它所包含的质量。如果质量足够，这个宇宙的引力作用最终将终止其膨胀，并导致收缩，就如同星云收缩为恒星的过程一样，最后变为大爆炸前的状况——这就是“封闭”的宇宙。如果没有足够的质量引起宇宙的自行收缩，宇宙就会永远地膨胀下去——这就是“开放”的宇宙。

宇宙的未来与暗物质

什么是暗物质？暗物质是相对可见物质来说的。所谓可见物质，除发射可见光的物质外，还包括辐射红外线等其他电磁波的物质。虽然宇宙中的可见物质大部分不能用肉眼直接看到，但探测它们发出的各种电磁波就可以知道它们的存在。暗物质无法直接观测得到，但它却能干扰星体发出的电磁波或对其附近天体产生引力影响，暗物质不辐射电磁波，但有质

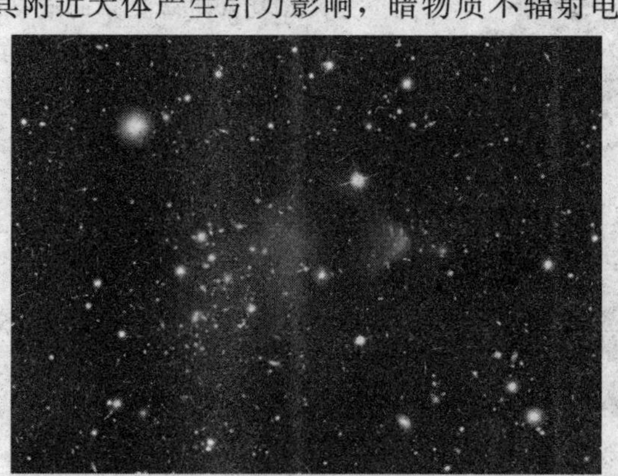

◆子弹星系团，目前暗物质存在的最好观测证据

量。科学家曾对暗物质的特性提出了多种假设，但直到目前还没有得到充分的证明。

◆星系团 CL0024+17，环状暗物质引起的引力透镜效果非常明显

几十年前，暗物质刚被提出来时仅仅是理论的产物，但是现在我们知道暗物质已经成为了宇宙的重要组成部分。暗物质的总质量是普通物质的 6.3 倍，在宇宙能量密度中占了 1/4，同时更重要的是，暗物质主导了宇宙结构的形成。

小故事：暗物质的发现历程

◆发现暗物质的弗里兹·扎维奇

20 世纪 30 年代，荷兰天体物理学家奥尔特指出：为了说明恒星的运动，需要假定在恒星附近存在着暗物质；同年代，弗里兹·扎维奇从室女星系团诸星系的运动的观测中，第一次发现了暗物质存在的证据。当时，弗里兹·扎维奇发现，大型星系团中的星系具有极高的运动速度，除非星系团的质量是根据其中恒星数量计算所得到的值的 100 倍以上，否则星系团根本无法束缚住这些星系；美国天文学家巴柯的理论分析也表明，在恒星附近，存在着与发光物质几乎同等数量看不见的物质。之后几十年的观测分析证实了这一点。尽管对暗物质的性质仍然一无所知，但是到了 80 年

代，占宇宙能量密度大约20%的暗物质已被广为接受了。

中微子与暗物质

◆暗物质探测器

宇宙学研究发现，在宇宙大爆炸初期产生的各种基本粒子中，有一种叫做中微子的粒子不参与形成物质的核反应，也不与任何物质作用，它们一直散布在太空中，是暗物质的主要“嫌疑人”。

但中微子在1931年被提出来以后，一直被认为质量为零。这样，即使太空是中微子的海洋，也不会形成质量和引力。曾有人设想存在一种“类中微子”，它的性质与中微子类似，但有质量。可是一直没有发现“类中微子”的存在。

◆中微子结构示意图

极小的中微子运动速度极高，可自由穿透任何物质，甚至整个地球，很难被捕找到。但中微子与物质原子和亚原子粒子碰撞时，会使它们撕裂而发出闪光。探测到这种效应就是探到了中微子。但为了避免地面上的各种因素的干扰，必须把探测装置（如带测量仪器并装有数千吨水的水箱）放在很深（如1000米）的地下。1981年，一名苏联科学家在试验中发现中微子可能有质量。近几年，日、美科学家进一步证实中微子有质量。

如果这个结论能得到最后确认，则中微子可能就是人们寻找的暗物质。寻找暗物质有着重大的科学意义。如中微子确有质量，则宇宙中的物

质密度将超过临界值，宇宙将终有一天转而收缩。关于宇宙是继续膨胀还是转而收缩的长久争论将尘埃落定。

太阳系中的暗物质

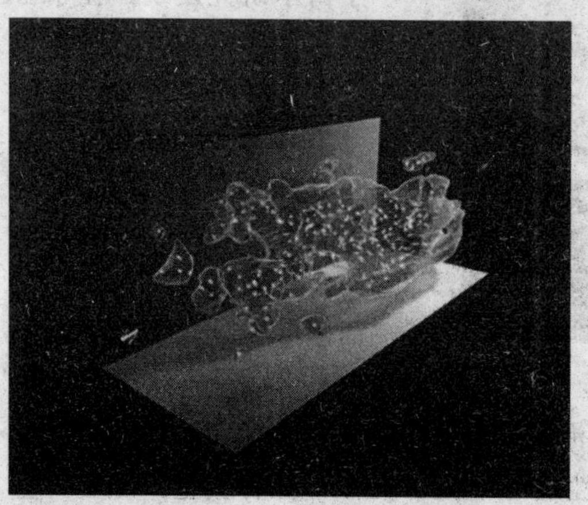

◆暗物质结构图

美国亚利桑那大学的天文学家在 2008 年上半年宣布，他们已估算出了隐藏在太阳系中的暗物质的总质量。根据他们构建的计算模型，在从太阳到海王星之间的区域里集中分布着质量达 1.07×10^{20} 千克的暗物质。

按照科学家们近年来提出的理论，暗物质占据了宇宙总质量的绝大部分。这类物质虽然广泛分布于宇宙空间之中，但它们既不吸收也不会产生电磁辐射，而只会与周围物体发生引力作用。由于这些特性，人们要使用普通的观测仪器直接对它们进行观测是根本不可能的。要想证实暗物质的存在，只能通过测量光线在从它们附近经过时所发生的弯曲现象来间接地实现。除此之外，通过计算天体实际运行轨道与理论计算值之间的偏差，也可间接地用来证明暗物质的存在。

为了测量太阳系中暗物质的重量，亚利桑那大学的天文学家们通过对太阳系中行星及其卫星的运行情况进行细致的观测，专门构建了一个用于反映太阳系中暗物质粒子间相互作用的数学模型。通过计算太阳系中各天体在运行过程中出现的偏差，科学家们先是计算出了它们所受到的不明引力的大小，进而估算出了暗物质的总重量及其分布情况。该模型的运算结果显示，在距离太阳越远的区域，暗物质的密度就越低。

参与这项研究的天文学家指出，暗物质的存在或许可以用来解释，为什么已运行至太阳系边缘区域的“先驱”号宇宙飞船的飞行轨迹会发生莫名的偏移。除此之外，他们还希望借此模型来探寻构成暗物质的粒子。

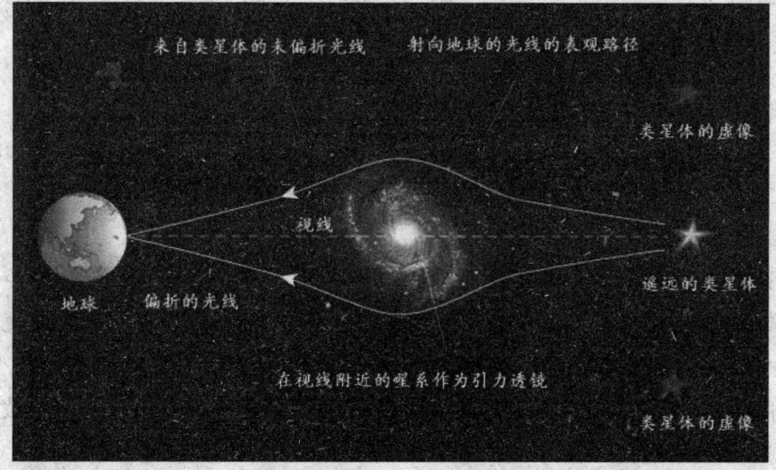

◆从大约 80 亿光年的类星体上发出的光，被介于类星体（右）和地球（左）之间的星系的引力“扭曲”——形成了仿佛是通过一个折射透镜看到的多重图像

1. 宇宙的未来是什么？

2. 什么是暗物质？它有什么特点？

3. 通过课外阅读，请你说说到目前为止，科学家为寻找暗物质做了哪些工作？

在太空燃烧——轮转焰火恒星

茫茫太空中有许多天文奇观令人叹为观止，轮转焰火恒星就是其中之一。轮转焰火或盘旋焰火在我们太阳系中非常少见，在遥远星群中发现它们令人吃惊，它们非常漂亮。这些恒星的质量是我们太阳的10到20倍，亮度是太阳的10万倍。此奇异现象只有在年代久远的古老双星系统中才能发现。

奇怪的轮转焰火恒星

最初，科学家用哈勃空间望远镜发现此五个一组的恒星丛，将它命名

◆天文学家表示，银河系中的一个星系中心的最大恒星群区域有多达5个轮转焰火，它们都是奇怪而新发现的新恒星天体

为“五重星丛”。它们周围环绕着尘云，被称为“蚕茧恒星”，其年岁是大还是小还不清楚。如今，凯克望远镜已经看到这5个恒星正在逼近它们生命的终点，其中至少2个恒星看起来像轮转焰火，彼此绕着旋转。科学家表示，其他恒星也可能是轮转焰火。

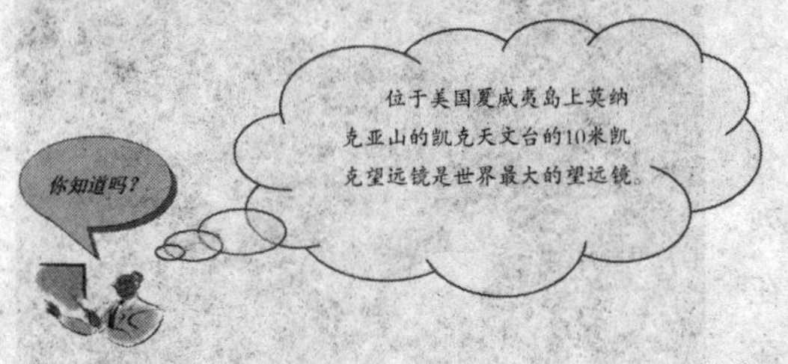

科学家表示，此轮转焰火的发现，表明我们的星系中的许多非常明亮的恒星，大多数都被尘云围绕着，是地地道道的大双星系统，而不是单个的恒星。它们已经燃尽了它们的氢，现在正燃烧着氦。燃烧时发出强烈的恒星风，彼此碰撞产生许多尘云。其中，一个轮转焰火的半径是地球轨道半径的300倍。

恒星残余物射线爆发

2009年初天文学家利用美国宇航局的“雨燕”卫星和费米伽马射线空间望远镜，观察距离地球30000光年的一个恒星残余物中频繁发生的一些高能伽马射线爆发，这种爆发宛如天国焰火。

这些美丽的天上“焰火”是从一种被称作“软γ射线复现源”的，非

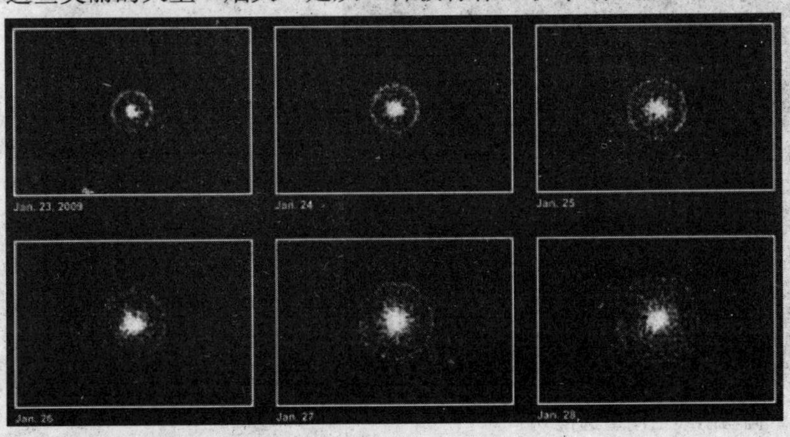

◆3万光年外磁星发出耀眼光环

常罕见的中子星中发出的。这种天体会时不时地喷发出一系列 X 射线和伽马射线。

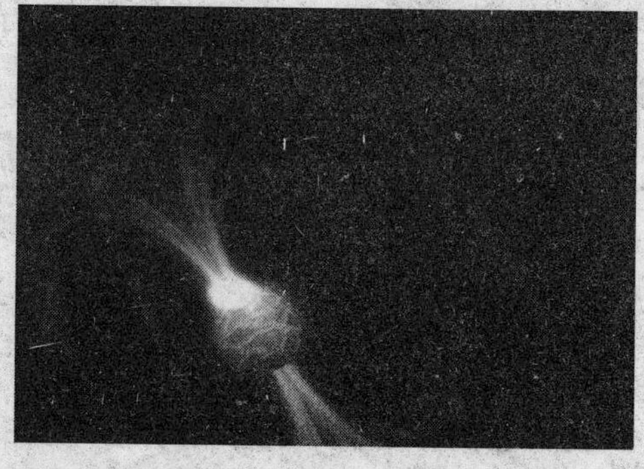
◆当磁星表面突然破裂，SGR J1550－5418 就可能会出现伽马射线爆发

“雨燕”卫星观测协调人、来自宾夕法尼亚州立大学的罗尔达纳·维特莱说：“有时候，这种令人不可思议的天体会在短短 20 分钟内发生 100 多次闪光。最强烈的闪光发出的能量，超过太阳在 20 年内发出能量的总和。”在 2008 年后的两年间，天文学家已经鉴别出它发出的脉冲射电和 X 射线信号。2008 年10月 3 日，它产生一系列规模不大的爆发，之后经历一段平静期，然后在 2009 年 1 月 22 日重新爆发，且强度激增。

广角镜：费米伽马射线空间望远镜

◆费米伽马射线空间望远镜

黑洞被称为太空中的旋涡，将一切东西吸引在其周围。但是，当黑洞吞噬恒星时，它们还会以近乎光速的速度向外喷涌释放伽马射线的气体。为何会发生这种情况？2008 年 7 月发射的费米伽马射线太空望远镜可能会揭开这个谜底，这部望远镜的目标是研究高能辐射物，另外还有可能揭开暗物质的神秘面纱，有助于进一步了解宇宙中最极端环境中我们闻所未闻的物质。暗物质是伽马射线爆发的来源。

1. 轮转焰火恒星是由哪个太空望远镜发现的？
2. 通过课外阅读，讲讲费米伽马射线太空望远镜的作用？
3. 超新星残状揭示了什么天文现象？

特立独行——反向旋转的星盘

科学家们一直认为圆盘和行星都是向着一个方向旋转，行星形成过程中最接近盘中心的区域旋转加速。这也是我们太阳系形成的原理，所有的行星都是围绕着太阳向着同一方向旋转。太阳也是在其轨道上以同一方向转动。但是宇宙中任何现象都有可能发生。通过太空望远镜观察到了内外相反转动的现象，这一现象说明了行星的形成过程比我们知道的要更加复杂。

打破常规的奇观现象

天文学家最近发现了一个盘状物，围绕银河中的一个年轻星体旋转，奇怪的是这个盘状物的内部和外部旋转方向是截然相反的。科学家们推测出现这种现象的原因就是该区域有两个气团，同时向着两个方向转动。这个盘状物的两边都有足够的物质可以形成行星。圆盘内部约有 300 个天文单位，因此内部区域更加伸展。圆盘占据形成星体周围的广泛区域，其气团和尘埃团的运动能够产生更小的气团，并向着不同的方向旋转。

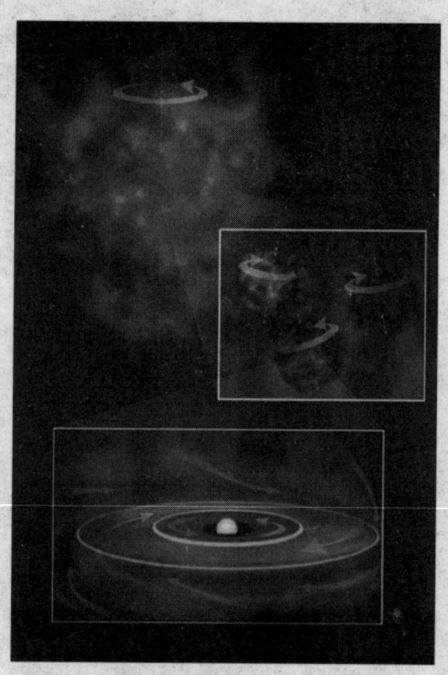

◆内外反向旋转的星盘

尽管是首次发现这种现象，但是它已经证实在星系圆盘和我们的太阳系圆盘中，某些自然现象能够对金星

以及天王星逆转的现象作出解释。

无独有偶的反转现象

◆螺旋星云 NGC 4622

NGC 4622 位于半人马座，距离我们 200 万光年，外围明亮而蓝色的年轻恒星和黝黑的尘埃带，形成了它美丽壮观的旋涡臂，也让它看起来像是杯子里呈涡旋打转的咖啡。人们看到下面这张哈勃望远镜所拍摄的 NGC 4622 影像时，很自然地会认为它是顺着影像做逆时针方向旋转。不过，再细看这个星系，将会发现它有个很明显的内旋臂，而且转动的方向和外旋臂恰好相反。它倒底沿那个方向转动呢？最近天文学家发现这个星系旋转的方向是顺时钟，也就是说它外旋臂的开口是向着旋转方向！更进一步的研究显示，NGC 4622 过去可能曾经和一个小型的伴星系互撞，因此造成它非常特殊的旋转方向，而这种特色在现知的大型旋涡星系中是独一无二的。

1. 一般的星盘最常见的旋转方向是向哪一边？

2. 为什么极少数的星盘会反转？科学家是怎样解释这种奇观现象的？

3. 位于半人马座的 NGC 4622 是怎样旋转的，有什么特殊性？为什么会出现这种特殊的现象呢？

宇宙的“灯塔”——类星体

类星体是宇宙中最明亮的天体，它比正常星系亮1000倍。虽然类星体能量如此巨大，其体积却是不可思议的小。与直径大约为10万光年的星系相比，类星体的直径大约为1光天。一般天文学家认为可能是物质被牵引到星系中心的超大质量黑洞中，因而释放大量能量（喷发强烈射线）所致。这些遥远的类星体被认为是在早期星系尚未演化至较稳定的阶段的产物。

什么是类星体?

类星体，又称为似星体、魁雯或类星射电源，与脉冲星、微波背景辐射和星际有机分子一道并称为20世纪60年代天文学“四大发现”。

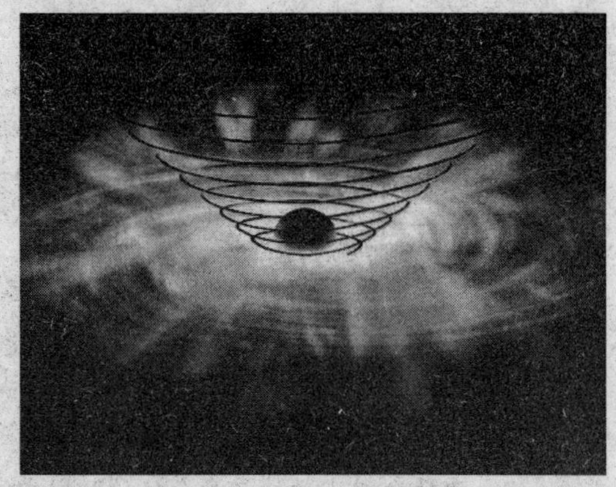
◆类星体在光学观察中只是一个光点，类似恒星，但是在分光观测中，它的谱线具有很大的红移，又不像恒星，因此称为类星体

20世纪60年代，天文学家在茫茫星海中发现了一种奇特的天体，从照片看来它们像是恒星，但肯定不是恒星，从光谱分析它们似行星状星云，但又不是星云，发出的射电（即无线电波）如星系又不是星系，因此称它为“类星体”。类星体的发现，与宇宙微波背景辐射、脉冲星、星际分子并列为20世纪60年代天文学四大发现。

1965年史考特·山迪基发现许多类星体，它们的光学性质和类星电

◆罕见的可以制造 X 射线的类星体

波源相同，都有紧密的结构，极亮的表面及蓝的颜色，但它们却没有辐射无线电波（或是太弱而没被测到），因此我们可将它们分为两类：类星电波源 QSR's（能用光学及电波段测出，这类比较少，占目前类星体总数的 1/20）类星体 QSO's（电波较弱，只能以光学测出）。

今日，我们相信它们代表的是同一种天体，只不过有的电波辐射强度不同。科学家相信，具有强烈电波辐射的类星体可能是类星体一生中处于短暂的“发高烧”阶段的产物。因此称之为类星电波源或类星体都可以。

不断辐射的类星体

类星体在照相底片上具有类似恒星的像，这意味着它们的角直径小于1″。极少数类星体有微弱的星云状包层，如 3C48。还有些类星体有喷流状结构。

◆类星体 HE0450 似乎正在从附近的星系攫取气体，并喷出物质从而形成新的恒星

类星体光谱中有许多强而宽的发射线，最经常出现的是氢、氧、碳、镁等元素的谱线，氦线非常弱或者不出现，这只能用氦的低丰度来解释。现在普遍认为，类星体的发射线产生于一个气体包层，产生的过程与一般的气体星云类似。

类星体发出很强的紫外辐射，因此，颜色显得很蓝。光学波段连续光谱的能量分布呈幂律谱形式，光学辐射是偏振的，具有非热辐射性质。另

◆由哈勃空间望远镜拍摄的距地球 90 亿光年的类星体照片

外，类星体的红外辐射也非常强。

类星射电源发出强烈的非热射电辐射。射电结构多数呈双源型，少数呈复杂结构，还有少数是致密的单源。类星体一般都有光变，时标为几年。少数类星体光变很剧烈，时标为几个月或几天。从光变时标可以估计出类星体发出光学辐射的区域的大小（几光日至几光年）。类星射电源的射电辐射也经常变化。近年来的观测表明，有些类星体还发出 X 射线辐射。

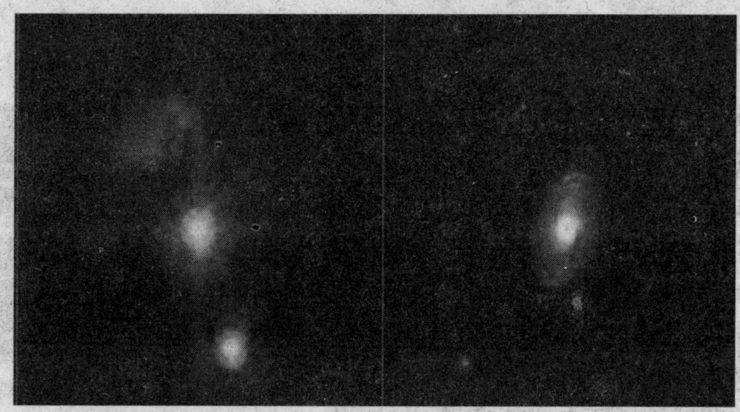

◆哈勃空间望远镜拍摄的类星体照片，左图为没有发现寄主星系的类星体，右图是拥有寄主星系的类星体。左图中央的亮点就是类星体，左上方可以看见一个受到了强烈扰动的星系，右下侧的亮点是银河系内的一颗前景恒星

令人吃惊的“红移”

◆法国和加拿大的天文学家发现迄今为止最冷的褐矮星，其表面温度为350摄氏度

我们知道，从天体的红移量可以得到天体远离我们而去的速度和它们与我们的距离。而类星体的红移量之大，使天文学家非常吃惊。据观测，绝大多数类星体离我们远去的速度为每秒几万千米至十几万千米，有些甚至达到每秒27万千米的“疯狂”速度，已达光速的90%！

类星体是人类迄今为止观测到的最遥远的天体，大都距地球100亿光年以上。20世纪80年代初期，澳大利亚的天文学家观测到的一个类星体距离地球竟达200亿光年，也就是说，我们现在观测到的形成这个类星体图像的光是在200亿年以前发出的！这一下子把人类对宇宙认识范围扩大到200亿光年之遥。如果真是这

◆表象是会骗人的！在这张哈勃空间望远镜影像中，一对奇怪的天体组合，螺旋星系 NGC 4319（中央）与类星体 Markarian 205（右上角）看似相邻，但事实上两者不仅不近，还相距甚远

样，那么它们自身的能量比一般星系能量还大上千倍。

然而令人惊讶的是，类星体的直径只有普通星系的十万分之一到百万分之一，还不到一个光年，体积类似太阳。尽管个子如此矮小，可是它释放出来的能量却相当于200个星系或200万个太阳的能量总和。类星体因而被称为“宇宙中的灯塔”。

原理介绍

对类星体红移的解释

对类星体巨大的红移尚有多种解释：一种是宇宙学红移，即认为红移是由于类星体的退行产生的，反映了宇宙的膨胀；另一种认为是大质量天体的强引力场造成的引力红移；还有的认为是多普勒红移。现在天文学家正在寻找和类星体有物理联系的天体以确定类星体的距离。

类星体的体积不大，却又释放出如此强大的能量。这按照普通的物理规律是不可思议的。经过多年的研究，专家们认为类星体可能是一个巨型恒星或许多恒星爆发后坍缩成巨大引力场——即黑洞时产生的天体，它的能源就是黑洞。或者是超新星爆发时喷射出来的气体和物质源源不断地流进正在形成的星系中心附近的黑洞的时候，黑洞就爆发成了一个类星体。随着爆发的持续，它本身会变得特别明亮。事实上类星体本身就是一个星系核，由于它特别明亮，所以我们难以看到这个星系中的其他恒星。

1. 什么是类星体？
2. 类星体最早是由谁发现的？
3. 类星体为什么会发生红移？
4. 为什么类行星如此“明亮”？

太空之最——宇宙四大“奇洞”

黑、白、虫、空四洞被合称为“宇宙四大奇洞”。除了大名鼎鼎的黑洞之外，一些科学家认为，宇宙中还有白洞，虫洞和空洞，可以称之为四大"奇洞"。正是因为它们的存在，才使得我们的宇宙如此精彩，同时也让我们人类对浩瀚宇宙产生无限遐想。

由超新星而来的黑洞

◆当一颗邻近的恒星经过巨大黑洞时，巨大的潮汐作用会把恒星拉长

黑洞是演变到最后阶段的恒星（恒星—白矮星—中子星—夸克星—黑洞）。由中子星进一步收缩而成，有巨大的引力场，使得它所发射的任何电磁波都无法向外传播，变成看不见的孤立天体，人们只能通过引力作用来确定它的存在，故名黑洞。在相对论中，黑洞是由大质量恒星爆炸所产生的。

广义相对论预言的一种特别致密的暗天体。大质量恒星在其演化末期发生塌缩，其物质特别致密，它有一个称为“视界”的封闭边界，黑洞中隐匿着巨大的引力场，因引力场特别强以至于包括光子（即组成光的微粒，速度 $C=3.0\times10^{8}$（米/秒）在内的任何物质只能进去而无法逃脱。形成黑洞的星核质量下限约为 3 倍的太阳质量，当然，这是最后的星核质量，而不是恒星在主序时期的质量。除了这种恒星级黑洞，也有其他来源的黑洞——所谓微型黑洞可能形成于宇宙早期，而所谓超大质量黑洞可能存在于星系中央。

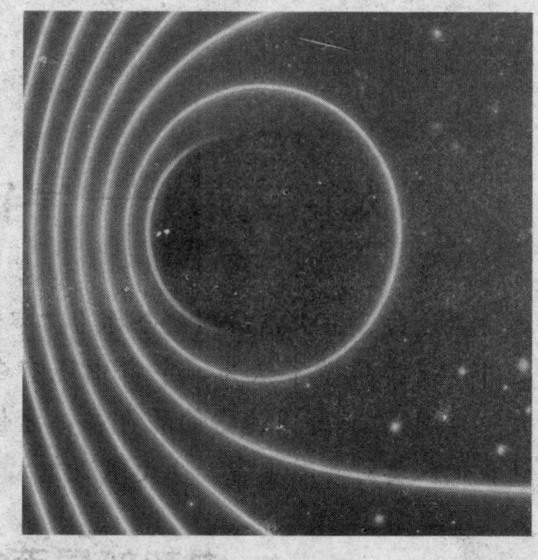
◆黑洞使得光线发生弯曲

与别的天体相比，黑洞是显得太特殊了。例如，黑洞有“隐身术”，人们无法直接观察到它，连科学家都只能对它内部结构提出各种猜想。那么，黑洞是怎么把自己隐藏起来的呢？答案就是——弯曲的空间。我们都知道，光是沿直线传播的。这是一个最基本的常识。可是根据广义相对论，空间会在引力场作用下弯曲。这时候，光虽然仍然沿任意两点间的最短距离传播，但走的已经不是直线，而是曲线。在经过大密度的天体时，四维空间会弯曲。光会掉到这样的陷阱里。形象地讲，好像光本来是要走直线的，只不过强大的引力把它拉得偏离了原来的方向。

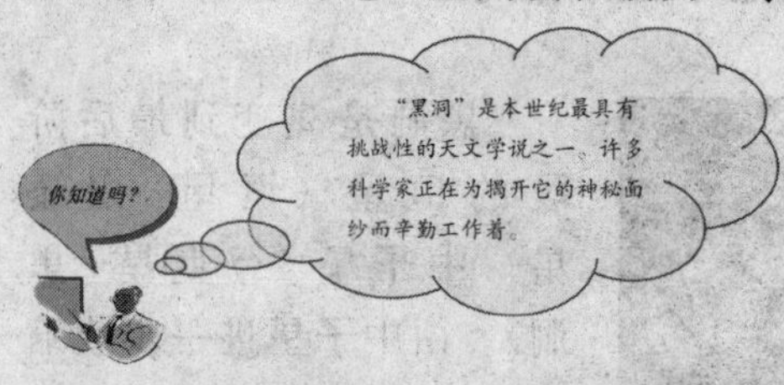

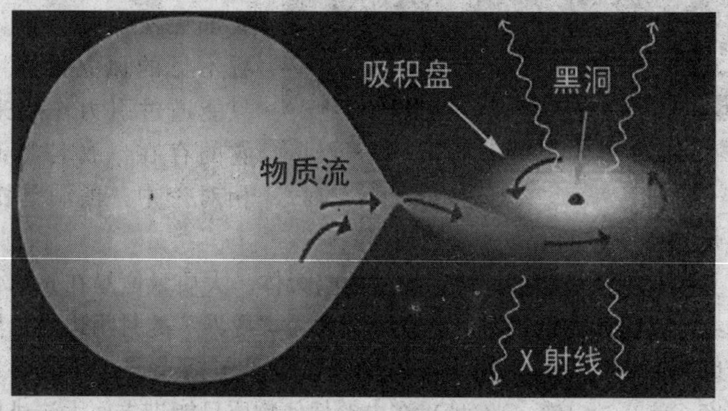

◆黑洞强大的引力将它附近恒星的气流高速拉到自己身上，它就像一口无底的深井，吸着四周的一切

广角镜：最重的无形黑洞

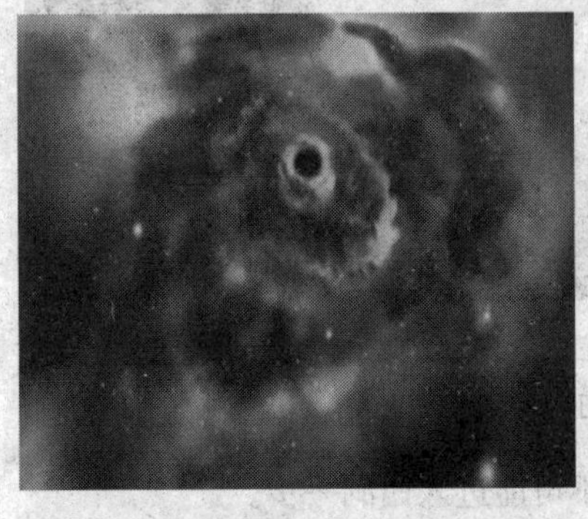

◆最重的无形黑洞——OJ287

OJ 287 是一个蝎虎座 BL 型天体，质量是太阳的 180 亿倍，并且有很长期的观测数据。从 1891 年就有影像记录，它的光度记录超过了 100 年的时期，使它成为星系天文学特别精致的一个目标。迄 2008 年，它的中心仍是被精确测量过的质量最巨大的超大质量黑洞，超过早先被认为质量最大黑洞的 6 倍以上。它距离地球 35 亿光年。

由物极必反而来的白洞

从定义上来说，白洞与黑洞是物理学家们根据黑洞在爱因斯坦的广义相对论上所提出的物体。物理学界和天文学界将白洞定义为一种致密物体，其性质与黑洞完全相反。简单来说，白洞可以说是时间呈现反转的黑洞，进入黑洞的物质，最后应会从白洞出来，出现在另外一个宇宙。由于具有和“黑”洞完全相反的性质，所以叫做“白”洞。它有一个封闭的边界。聚集在白洞内部的物质，只可以向外运动，而不能向内部运动。因此，白洞可以向外部区域提供物质和能量，但不能吸收外部区域的任何物质和辐射。白洞是一个强引力源，其外部引力性质与黑洞相同。白洞可以把它周围的物质吸积到边界上形成物质层。

◆白洞内部的物质和各种辐射只能经边界向边界外部运动，而白洞外部的物质和辐射却不能进入其内部

◆聚集在白洞内部的物质，只可以向外运动，而不能向内部运动

白洞学说主要用来解释一些高能天体现象。目前天文学家还没有真的找到白洞，这只是个理论上的名词。白洞是理论上通过对黑洞的类比而得到的一个十分“学者化”的理论产物。

白洞和黑洞一样，有一个“视界”。不过和黑洞不一样，时空曲率在这里是负无穷大，也就是说，在这里，白洞对外界的斥力达到无穷大，即使是光笔直向白洞的奇点冲去，它也会在白洞的视界上完全停止住，不可能进入白洞一步。

到目前为止，“白洞”还只是个理论名词，科学家并未实际发现。在技术上，要发现黑洞，甚至超巨质量黑洞，都比发现白洞要容易得多。

虽然白洞尚未发现，但在科学探索上，最美的事物之一就是许多理论上存在的事物后来真的被人们发现或证实。因此，也许将来有一天，天文学家会真的发现白洞的存在。

广角镜：中等黑洞的发现

◆ESO 243－49 星系

迄今为止，天文学家仅发现两种质量各异的黑洞，一种是质量较小的黑洞，另一种则是超大质量黑洞。长期以来科学家一直猜测介于两者之间的中等质量黑洞一定存在，但是极为罕见，因此直到现在他们才发现一个这种黑洞。

最近，来自法国空间辐射研究中心（CESR）的研究人员在一个距离地球大约 2.9 亿光年的星

系里发现一个中等质量黑洞，这个黑洞的质量至少是太阳的500倍。这项发现或许能进一步帮助我们了解超大体积黑洞的起源，例如我们银河中心的黑洞。这些星形庞然大物的质量大约是太阳的数百万倍到几十亿倍。但是它们的起源至今仍是个谜。

穿梭时空的虫洞

由阿尔伯特·爱因斯坦提出虫洞理论。简单地说，“虫洞”就是连接宇宙遥远区域间的时空细管。暗物质维持着虫洞出口的敞开。虫洞可以把平行宇宙和婴儿宇宙连接起来，并提供时间旅行的可能性。虫洞也可能是连接黑洞和白洞的时空隧道，所以也叫“灰道”。

早在19世纪50年代，已有科学家对“虫洞”作过研究，由于当时历史条件所限，一些物理学家认为，理论上也许可以使用“虫洞”，但“虫洞”的引力过大，会毁灭所有进入的东西，因此不可能用在宇宙航行上。

随着科学技术的发展，新的研究发现，虫洞的超强力场可以通过“负质量”来中和，达到稳定虫洞能量场的作用。科学家认为，相对于产生能量的“正物质”，“反物质”也拥有“负质量”，可以吸去周围所有能量。像虫洞一样，“负质量”也曾被认为只存在于理论之中。不过，目前世界上的许多实验室已经成功地证明了“负质量”能存在于现实世界，并且通

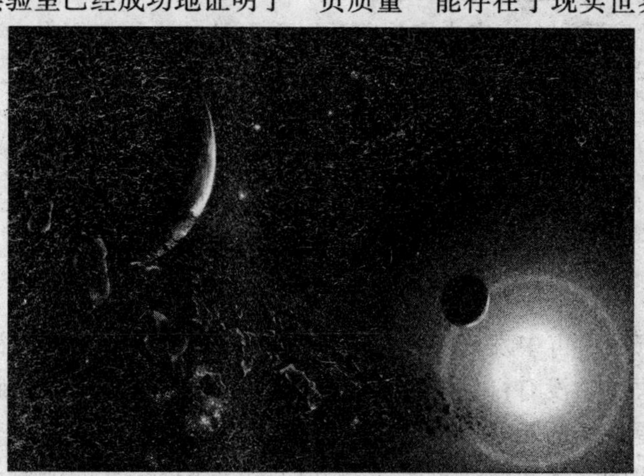

◆穿越时空的虫洞

◆在未来，人们也许可以通过虫洞进行时间旅行

过航天器在太空中捕捉到了微量的“负质量”。

据美国华盛顿大学物理系研究人员的计算，“负质量”可以用来控制虫洞。他们指出，“负质量”能扩大原本细小的虫洞，使它们足以让太空飞船穿过。他们的研究结果引起了各国航天部门的极大兴趣，许多国家已考虑拨款资助虫洞研究，希望虫洞能实际用在太空航行上。

宇航学家认为，虫洞的研究虽然刚刚起步，但是它潜在的回报，不容忽视。科学家认为，如果研究成功，人类可能需要重新估计自己在宇宙中的角色和位置。现在，人类被“困”在地球上，要航行到最近的一个星系，动辄需要数百年时间，是目前人类不可能办到的。但是，未来的太空航行如使用虫洞，那么一瞬间就能到达宇宙中遥远的地方。

据科学家猜测，宇宙中充斥着数以百万计的虫洞，但很少有直径超过10万千米的，而这个宽度正是太空飞船安全航行的最低要求。“负质量”的发现为利用虫洞创造了新的契机，可以使用它去扩大和稳定细小的虫洞。

密度千分之一的空洞

科学家在宇宙中发现了三大空洞，直径达10亿光年。在这个空洞中，没有恒星，没有行星，没有星云及星际气体，甚至连暗物质都很难探测到，更奇怪的是，这个区域的宇宙微波背景辐射温度也低。通常情况下，宇宙的背景微波通过宇宙空间时，会获得一定的能量，温度会有所升高。

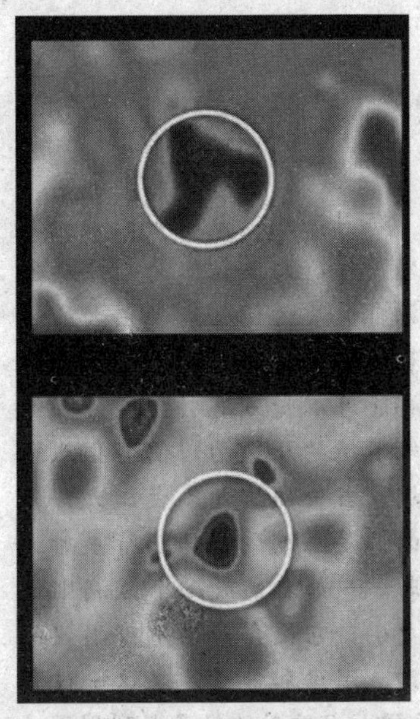
◆美国天文学家惊奇地发现宇宙存在一个巨大的空洞，这个大洞距地球约60亿至100亿光年，位于猎户星座以南的波江星座的众多星系之中。它的直径竟有10亿光年，在这个巨大的空洞中没有星体、气体和其他正常的太空物质，并且缺少弥漫在宇宙之中的神秘的暗物质

奥斯提里卡的研究小组通过计算机模拟了宇宙的结构，结果显示在宇宙中物质总密度非常低的地方光会突然寂灭。研究人员计算后认为，一个地方的物质密度若低于某个水平，在那里就很难形成恒星，因而也就不会发光，但由此形成的黑暗区域不应简单地被视为空虚无物。研究人员认为，这些空荡的地方也许是“低密度宇宙”所在，它们占据了宇宙空间的85%，其中的物质成分仅是宇宙物质总量的20%，这就是空洞。

宇宙中为什么会出现空洞？在天文学里，空洞指的是丝状结构之间的空间。空洞中只包含很少或完全不包含任何星系。如果用一个鲜活的比喻来形容，宇宙就宛如一个三维立体的“渔网”，网线密集的地方就形成一个结点，结点处的密度要高于其他区域，因此，在结点处的物质就要多一些，也是各种恒星、星云等星系诞生的地点。而网线交织稀疏处，就出现了空洞。

宇宙中有空洞并不稀奇，在天文学的观测中，早已被证实！通常宇宙是由可见星体、气体和灰尘组成的，宇宙中多数的物质是无形的，人类肉眼无法观测到。可天文学家为什么能很清楚知道宇宙中的一些物质都存在于什么地方？这是因为他们可以根据宇宙中观测到的物质的重力效应来进行推测。天文学家曾经发现过宇宙空洞，关键是相比之下，之前的空洞体积都很小，这次的空洞尺寸确实很大。

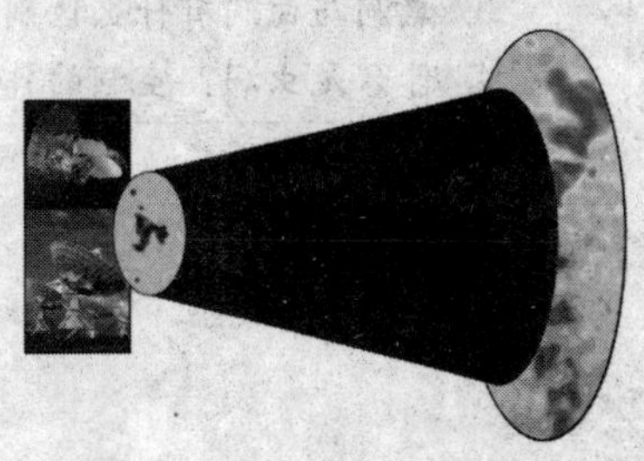
◆宇宙遥远的那方有着巨大的空洞

广角镜：天文奇观——伽马射线暴

◆ 巨大的伽马射线暴

伽马射线暴是宇宙间最亮的爆发事件，大多数伽马射线爆发都源自大质量恒星。当巨大的恒星耗尽它们的核燃料后——并且不再能够承受万有引力所带来的连绵不绝的压毁力，便会猛烈地崩塌。当一颗质量比太阳大许多倍的恒星压缩到一颗小行星般大小时——如果变成一个黑洞则还要更小，它便会产生不可思议的密度、温度和能量。在这一过程中，大量的能量以粒子流的形式近乎光速地向外反弹。当喷射的粒子遇到周围的气体或尘埃时，伽马射线便产生了。多数伽马射线将在可见光范围内呈现出明亮的光线。然而一些伽马射线暴却是黑暗状态，它们在光学望远镜中无法探测到。

1. 宇宙的四大奇洞是指哪四个？
2. 黑洞是黑色的吗？什么是黑洞？
3. 黑洞与白洞有什么区别与联系？
4. 什么是虫洞？空洞的作用是什么？

宇宙中的巨人

——迷人的星云和星系

在茫茫的宇宙海洋中，千姿百态的“岛屿”，星罗棋布，上面居住着无数颗恒星和各种天体，天文学上称为星系。我们居住的地球就在一个巨大的星系——银河系之中。在银河系之外的宇宙中，像银河这样的太空巨岛还有上亿个。星云是一种由星际空间的气体和尘埃组成的云雾状天体。包含了除行星和彗星外的几乎所有延展型天体。它形成了美轮美奂的宇宙。

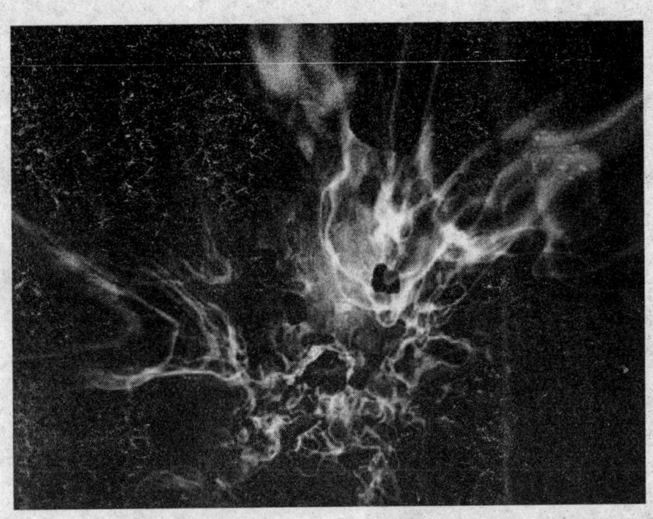

银河系的近邻——仙女大星系

我们身处银河系，谁是我们的邻居？它就是美丽的的仙女星系。仙女星系是位于仙女星座的一个巨型旋涡星系，视星等为 3.5 等，肉眼可见。

一般认为银河系的外观与仙女大星系十分像，两者共同主宰着本星系群。仙女大星系弥漫的光线是由数千亿颗恒星成员共同贡献而成的。几颗围绕在仙女大星系影像旁的亮星，其实是我们银河系里的星星，比起背景物体要近得多了。仙女大星系又名为 M31，因为它是著名的梅西耶星团星云表中的第 31 号弥漫天体。M31 的距离相当远，从它那儿发出的光需要 200 万年的时间才能到达地球。星云中的恒星可以划分成约 20 个群落，这意味着它们可能来自仙女星系“吞噬”的较小星系，在《梅西耶星表》中的编号是 M31，在《星云星团新总表》中的编号是 NGC224，习惯称为仙女大星云。

仙女星系的直径是 16 万光年，为银河系直径的一倍，是本星系群中最大的一个星系，距离我们大约 220 万光年。仙女星系和银河系有很多的相

◆恒星与尘埃照片的叠加

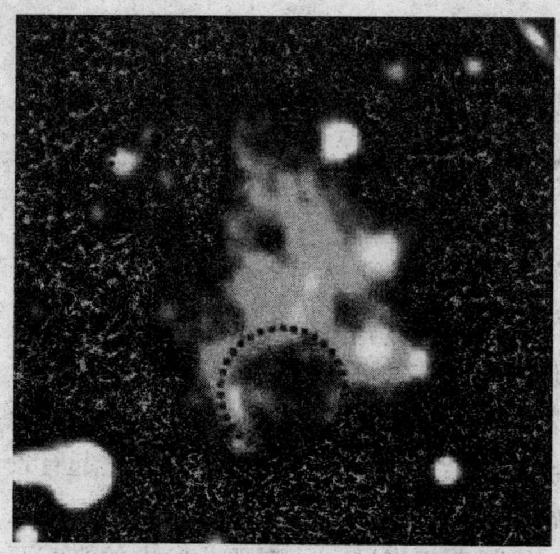

◆发出绿色光的是气体云团，而图像右上方的白色光斑是一个和银河系大小相当的仙女大星系。下方画圈的是新发现的泡沫状结构

似，对两者的对比研究，能为了解银河系的运动、结构和演化提供重要的线索。

仙女大星云是秋夜星空中最美丽的天体，也是第一个被证明是河外星系的天体，还是肉眼可以看见的最遥远的天体。仙女大星云实际上是一个非常典型的旋涡星系，当人们尚不知道它是旋涡星系的时候把它与气体星云混淆在一起而取了这个名字，至今人们仍然喜欢这样称呼它。

广角镜：银河系与仙女星系可能提前相撞

我们银河系和仙女座星系正在相互靠近对方，在几十亿年后两者可能会碰撞，在融合过程中将会暂时形成一个明亮、结构复杂的混血星系。一系列恒星将

◆仙女大星系

被抛散，星系中大部分游离的气体也将会被压缩产生新的恒星。大约再过几十亿年后，星系的旋臂将会消失，两个螺旋星系将会融合成一个巨大的椭圆星系。

不过，两星系的碰撞、融合只发生在遥不可及的未来，人类大可不必为此“忧天”。据英国《卫报》报道，由美国和德国科学家组成的研究小组称，银河系的质量比先前预计的要大50%，旋转速度也要更快，这意味着银河系对其他星系的引力也更大，因而银河系与包括仙女星系在内的其他星系相撞的时间可能比科学家所预计的更早。

◆这是仙女座大星系中的球状星团G1，距离仙女座星系中心约130000光年

1. 仙女座星系位于哪里？
2. 仙女座星系有多大？
3. 银河系与仙女星系有可能相撞吗？
4. 银河系与仙女星系相撞后会出现什么结果？

惠更斯发现——猎户星云

猎户大星云（M42，NGC 1976）位于猎户座的反射星云，1656 年由荷兰天文学家惠更斯发现，直径约 16 光年，视星 4 等，距地球 1500 光年。猎户大星云是太空中正在产生新恒星的一个巨大气体尘埃云。

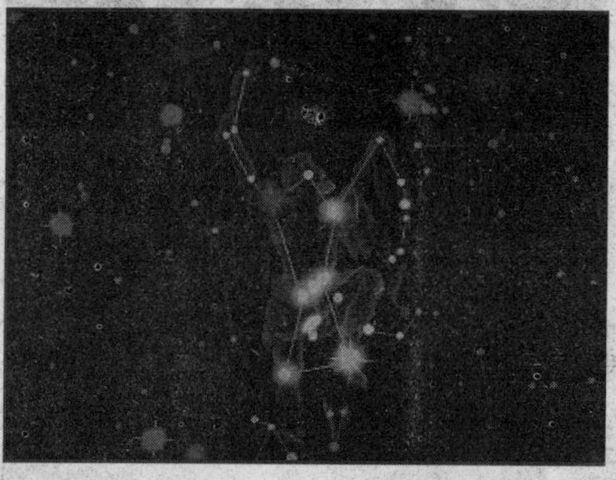

◆猎户座中 α、γ、β 和 κ 这四颗星组成了一个四边形，在它的中央，δ、ε、ζ 三颗星排成一条直线。这是猎户座中最亮的七颗星，人们总是把它比作神、勇士、超人和英雄

猎户座中的一个发光气体云，在猎户座佩剑中部，人的肉眼刚好可以看见。该星云与一个恒星形成区相连，被它所含的年轻恒星照亮，在天文照片上显得十分壮观。猎户大星云也是辨认猎户座的指标之一；猎户大星云是天文摄影爱好者和天文台的大望远镜最主要的拍摄对象之一。

该星云的一些最稠密部分吸收可见光，只能用红外或射电方法观测到，这些稠密区域包括与恒星诞生有关的热斑。星云中有一些恒星，其年龄只有 100 万年，它们发出强烈的紫外辐射，正是这些辐射被星云中的气体吸收后，并以可见光的形式再辐射出来，从而使星云明亮。星云的发光部分是一个电离区。

猎户星云是一个 X 射线源，含有一些赫比格·阿罗天体、一个脉射源和若干金牛座 T 型星。由于它离我们很近，猎户星云是人类研究得最彻底的天体之一。

知识窗

著名星云——猎户星云

猎户星云是一个有发射线的明亮弥漫星云，同我们的距离约460秒差距，即约1500光年，直径约5秒差距。猎户星云是猎户星协的核心，在星云的附近有许多恒星组成一个银河星团，称为猎户星云星团，著名的“猎户座四边形”聚星就位于星云之中。

用肉眼看来，猎户座中构成“宝剑”的有三颗星，中间一颗是较模糊的亮斑，它不是单颗星，而是一个星云，这就是有名的猎户座大星云（M42或NGC1976）。在猎户座星云星团和猎户座四边形中，有许多表面温度高达几万摄氏度的O型和早B型的热星，它们发出的强烈的紫外辐射使星云受到激发而产生辐射，因此星云的光谱主要是发射线。射电观测发现猎户星云以每秒8千米的速度离开猎户星云星团。猎户星云是一个非常年轻的天体，那里不但有许多年轻的恒星，而且还有许多星前天体。如1966年在猎户星云中发现黑体温度只有600K的红外星，它可能是一个处于引力收缩中的原恒星，估计半径为8个天文单位。不久，在离这个红外星不远的地方又发现一个黑体温度只有70K的红外星云，它的角径大于30″。此外，在猎户星云中还发现有一些球状体，温度为10K左右，目前认为这也是

◆“哈勃”空间望远镜拍摄到了迄今为止最清晰的猎户星云全景照片。这张照片不仅显示出大量恒星的诞生，也包含有罕见的褐矮星。猎户星云距太阳系大约1500光年，是银河系内最近的恒星诞生地，包含有数以千计的新生恒星以及孕育恒星的柱状星际尘云，长期以来一直是天文学家观测的“热点地区”

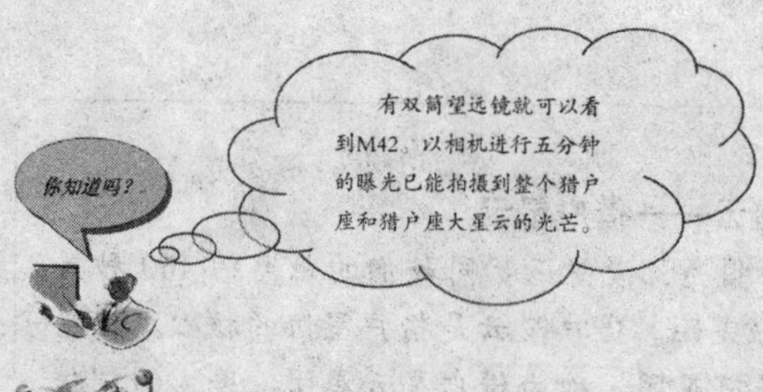

处于引力收缩阶段的原恒星。几年前已观测到来自猎户大星云的X射线。

广角镜：发现30个婴儿恒星系统

乍一看上去，这些图片似乎是一幅幅美丽的水彩画，实际上，它们展示的是猎户星云孕育的30个婴儿恒星系统。这些令人吃惊的图片是美国国家航空与航天局与欧洲空间局负责操控的哈勃空间望远镜拍摄的。“哈勃”是绕地球轨道运行的一个高分辨率观测设备，也是唯一一架能够在可见光条件下拍摄拥有如此细节图片的望远镜。

在将照相机对准距地球1500光年的恒星托儿所—— 猎户星云之后，“哈勃”发现了一些小圆块绕新诞生的恒星运行，说明年轻的恒星系统正在形成之中。随着猎户星云的气体和尘埃混合物形成新恒星，原行星盘则在其周围形成。这些旋转盘的中心温度不断升高并最终形成一颗新恒星，盘外缘周围的残余则将其他尘埃聚合在一起。科学家认为这些就是构建行星的模块。

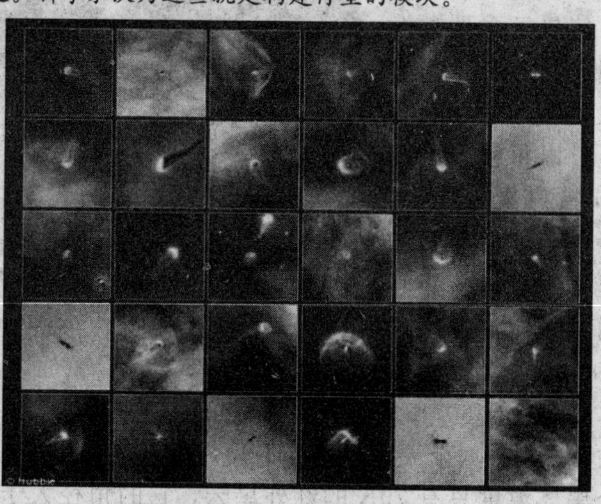

◆哈勃在猎户星云发现婴儿恒星系统

“哈勃”在最近的观测中发现了猎户星云内部的42个原行星盘，迄今为止发现的数量已超过150个。这一数字说明恒星系统的形成在宇宙中非常普遍。

1. 猎户星云位置在哪里？
2. 猎户星云有多大？
3. 我们如何通过望远镜来观察猎户星云？
4. 猎户星云内有多少个恒星星系？

大块云雾状天体——人马星云

◆人马星云刚好包含三种基本的天文星云：主要由于氢原子辐射形成的红色发射星云；由于尘埃反射星光所形成的蓝色反射星云；还有由于密集的尘埃云遮光形成的暗吸收星云。由于前方的尘埃带遮蔽，明亮的红色发射星云被粗略地分成了三部分，于是赢得了三叶星云的美誉

人马座是一个十分壮观的星座，坐落在银河最宽最亮的区域，那里就是银河系的中心方向。每年夏天是最适于观测人马座的季节。6月底7月初时，太阳刚刚落山，人马座便从东方升起，整夜都可以看见它。人马座是黄道12星座之一，它的东边是摩羯座，西边是天蝎座。有人将人马座叫做射手座，那是不规范的叫法。人马座的主人公是希腊神话中上身是人、下身是马的马人凯洛恩。凯洛恩擅长拉弓射箭又是全希腊最有学问的人，许多大英雄都拜他为师。

1764年6月20日，梅西耶将一个尺度达到1.5度的大型天体编入星表，列在第24号条目中，这个天体被他描述为“由许多不同星等的恒星组成的大块云雾状天体。”这就是人马座星云。

梅西耶第24号天体并不是一个“真正”的深空天体，而是银河中的大型恒星云，一个沿视线方向延伸达数千光年的伪星团，只是因为星际尘

埃偶然出现的一个通道才让我们有机会一窥端倪。它们构成了我们星系旋臂的一部分。这片云就是我们照片中心偏上方的银河明亮部分；被许多其他的深空天体（星团和星云）包围着。星际尘埃会减弱来自于后方的恒星光线。但是尘埃并不是均匀的。由于一些未知的原因，尘埃会形成一些团块，典型的大小是 25 光年：许多尘埃云投影在恒星云的背景上，可以清楚地分辨出来。在银河中沿视线方向，每 1000 光年通常会遇到两团尘埃云。但也有可能碰巧存在一个朝着银河中心方向延伸超过 30000 光年，比一般的星际介质更清澈的“天窗”。M24 就是这样一个天窗的结果。这些穿越银河的清澈天窗对研究星系的结构有着重要的意义，使得研究那些通常被尘埃遮蔽的遥远区域成为可能。

◆仙女星系（M31）中的恒星云 NGC206

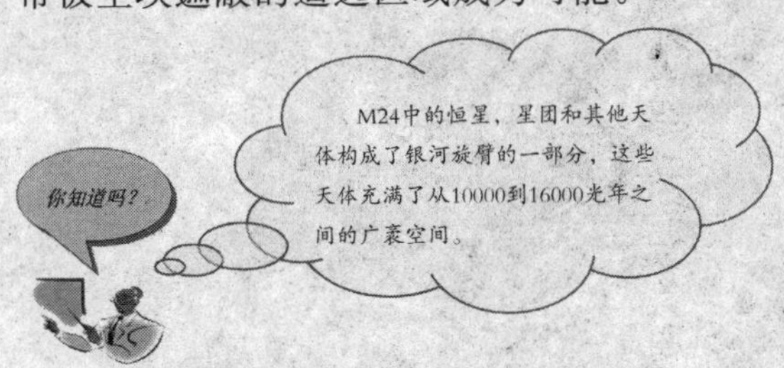

有趣的是，在这个很容易用肉眼看到的恒星云中，还存在着一个亮度为 11 等的暗疏散星团，NGC6603。尽管当年梅西耶记录的星等（4.5～4.6），直径（1.5 度），以及他的描述，“由许多不同星等的恒星组成的大块云雾状天体”，都与恒星云更吻合，与这个星团完全不像，但仍有许多星表把这个梅西耶编号分给了这个星团。

1. 人马座位于哪里?
2. 在哪个时间观察人马座最合适?
3. 人马星云有多大?
4. 从地球上看人马座是一个什么样的形状?

解码天文奇观

超新星的遗迹——蟹状星云

“蟹状星云”是超新星爆炸的扩大残体。“蟹状星云”有如一座宇宙的发电厂，而且其能量还足够发出几乎所有电磁波范围的电磁波光谱，正因为这种能量是如此之强，所以有的“蟹状星云”竟能比太阳要还亮上7.5万倍。人类对“蟹状星云”的研究占了当代天文学研究的很大比重，也的确取得了相当重要的研究成果。

蟹状星云早有记载

根据中国历史记载，在现在蟹状星云的那个位置上，曾经有过超新星爆发，那就是1054年7月4日，大约寅时出现的、特亮的天关星“天关客星”。中国宋朝司天监对那次爆发作出过观测，史料中有以下记载：“己丑，客星出天关之东南可数寸。嘉祐元年三月乃没。”《宋史・天文志》：“宋至和元年五月己丑，客星出天关东南可数寸，岁余稍末。”

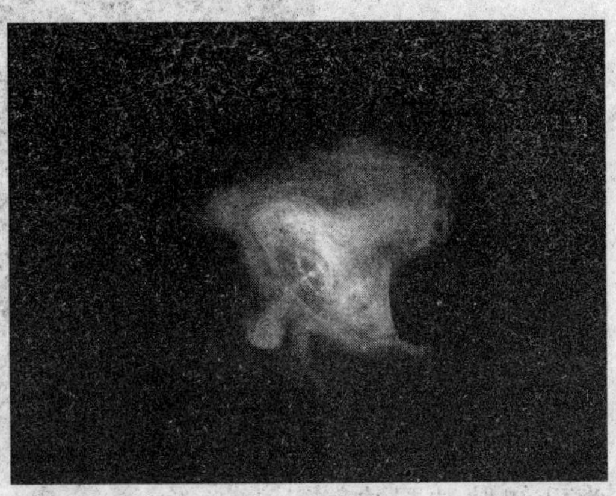

◆美国国家航空与航天局公布的“蟹状星云”的高清照片，其中包括该星云的指状部分、环状部分以及湾状部分

总括以上文字，可得知在“宋至和元年五月己丑”（即1054年7月4日）开始，有“客星”出现在天关（即金牛座ζ星）附近，星的颜色是赤白。在最初的23天，即使在白昼，其光度如“太白”（即金星）。直至一年多后的“嘉祐元年三月辛未”（即1056年4月5日），才消失不见。

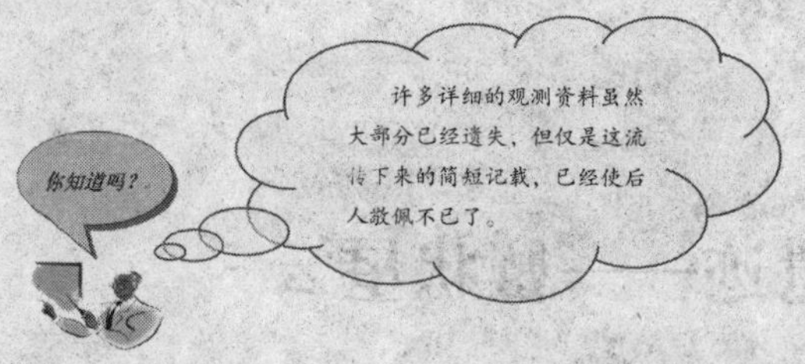

这个客星真是一个“不速之客”，来了就不走。在23天的时间里，像太白金星一样亮，白天都可以看到，即所谓“昼见如太白”“凡见二十三日”。客星看不到的日期是1056年4月6日，距离客星出现的日期1054年7月4日已经整整过了643天。在这将近两年的时间里，只要能看到客星。司天监的人员总是坚持不懈地进行观测，他们详细地记录了客星的位置、颜色和亮度变化。

代号为M1的蟹状星云

蟹状星云是强红外源、紫外源、X射线源和γ射线源。它的总辐射光度的量级比太阳强几万倍。1968年发现该星云中的射电脉冲星，它的脉冲周期是0.0331秒，为已知脉冲星中周期最短的一个。目前已公认，脉冲星是快速自旋的中子星，有极强的磁性，是超新星爆发时形成的坍缩致密星。蟹状星云脉冲星的质量约为一个太阳质量，其发光气体的质量也约达一个太阳质量，可见该星云爆发前是质量比太阳大若干倍的大天体。星云距离约6300光年，星云大小约12光年×7光年。

◆安东尼·休伊什和马丁·赖尔因在射电天文学方面的卓越成就获得了1974年诺贝尔物理学奖

在《梅西耶星团星云表》中蟹状星云列第一，代号M1。蟹状星云的

名称是英国天文爱好者罗斯命名的。M1是最著名的超新星残骸。这颗位于金牛座的超新星爆发当时估计其绝对星等达到了-6等，相当于满月的亮度，它的实际光度比太阳高5亿倍，在白天也能看到，给当时的人们留下了极深刻的印象。

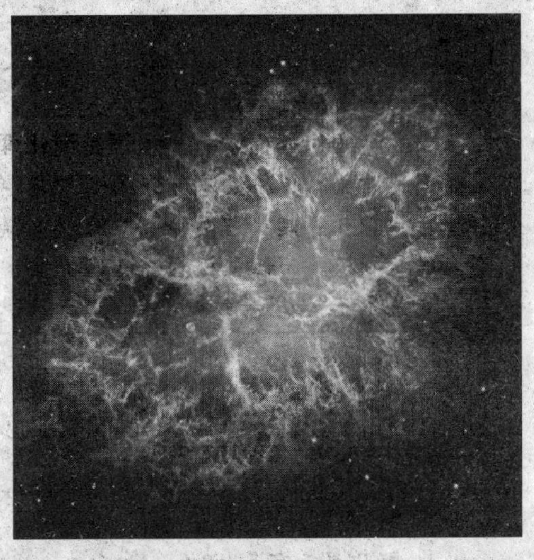

◆蟹状星云是一个超新星残骸，其中心是一颗高速旋转的中子星

不仅如此，它的遗迹星云至今的辐射也比太阳大，射电观测发现它的辐射强度和波长之间的关系不能用黑体辐射定律解释。要发射这样强的无线辐射，它的温度要在50万摄氏度以上，对一个扩散的星云来说，这是不可能的。苏联天文学家什克洛夫斯基1953年提出，蟹状星云的辐射不是由于温度升高产生的，而是由“同步加速辐射”的机制造成的。这个发现让他获得了1974年的“诺贝尔物理奖”。它是1982年前发现的周期最短的脉冲星，只有0.033秒，并且直到现在，能够在所有电磁波段上观察到脉冲现象的只有它和另一颗很难观测到的脉冲星。

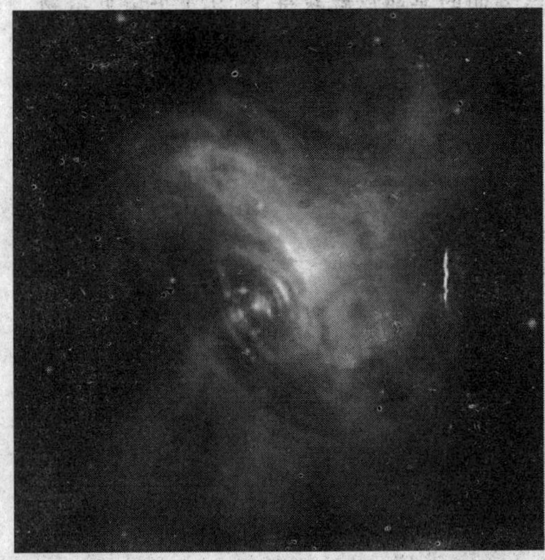

◆蟹状星云脉冲星周围高活跃内层区域的X射线和光学图像合成图

知 识 窗

恒星演化理论

高速自旋的脉冲星证明了20世纪30年代对中子星的预言，肯定了一种恒星演化理论：超新星爆发时，气体外壳被抛射出去，形成超新星遗迹，就象蟹状星云，而恒星核心却迅速坍缩，由恒星质量决定它的归宿是颗白矮星或是中子星或是黑洞。

1. 蟹状星云有多大？

2. 蟹状星云位于哪里？

3. 哪位科学家因在射电天文学方面的卓越成就获得了1974年诺贝尔物理学奖？

4. 蟹状星云是谁命名的？

不是所有的玫瑰都是红色的——玫瑰星云

地上的玫瑰花大家见得多了，那天上的玫瑰有没有见过呢？被誉为“宇宙情花”的玫瑰星云宛如一朵绽放的玫瑰，美轮美奂。这么美丽的星云，我们平时很难用肉眼看到，只有通过相机的长时间曝光，星云原本暗弱的光亮在积聚后才能逐步呈现出亮丽的色彩。

“宇宙情花”玫瑰星云

◆“宇宙情花”玫瑰星云

在冬季星空中的麒麟座里有一朵“盛开的玫瑰”，经长时间曝光摄影可得酷似玫瑰花的影像。这朵“玫瑰”距离我们有 3000 光年。它就是玫瑰星云，代号 NGC 2237。它是一个距离我们 3000 光年的大型发射星云。星云中心有一个编号为 NGC 2244 的疏散星团，而星团恒星所发出的恒星风，已经在星云的中心吹出一个大洞。这些恒星大约是在 400 万年前从它周围的云气中形成的，而空洞的边缘有一层由尘埃和热云气的隔离层。这团热星所发出的紫外光辐射，游离了四周的云气，使它们发出辉光。星云内丰富的氢气，在年轻亮星的激发下，让玫瑰星云在大部分照片里呈现红色的色泽。这张影像最特殊的特征，是它的色彩与常见的玫瑰星云照片不同。透过氢所发出的红光，氧所发出的绿光，以及硫所发出的蓝光

◆在玫瑰星云中，透过氢所发出的红光，氧所发出的绿光交织在一起

等波段的滤镜，天文学家对玫瑰星云拍照，然后再加以组合，合成上面这张美丽的影像。影像中，我们也可以清楚看见，散布在云气中的暗黑丝状尘埃带。最近天文学家在玫瑰星云内，发现了一些快速移动的分子团，不过它们的起源仍是未知。玫瑰星云位在南天的麒麟座，它的大小约有100光年，距离我们约5000光年，用小型的望远镜就能看到它。

广角镜：当玫瑰星云不是红色时

当然，不是所有的玫瑰都是红色的，但它们还是非常漂亮。然而在天象图中，美丽的玫瑰星云和其他恒星形成区域总是以红色为主——部分因为在星云中占据支配的发射物是氢原子产生的。氢原子强烈的可见光线是光谱中的一个红色光波段，但漂亮的发射星云不仅仅需要红光。星云中其他原子也被高能量的星光激发，也形成了窄波发射光线。

1. 玫瑰星云离我们有多远?
2. 玫瑰星云是哪种类型的星云?
3. 从地球上看，玫瑰星云是什么颜色的?
4. 玫瑰星云总是红色的吗?

双胞胎星系——大、小麦哲伦星云

从我们的银河系看出去，最明亮的星系是大麦哲伦星云，是离我们第二近的星系，它也是小麦哲伦星云的近邻。在绕着银河系公转的11个矮星系中，大、小麦哲伦星云也是其中之一。

南天一对瑰宝——大、小麦哲伦星云

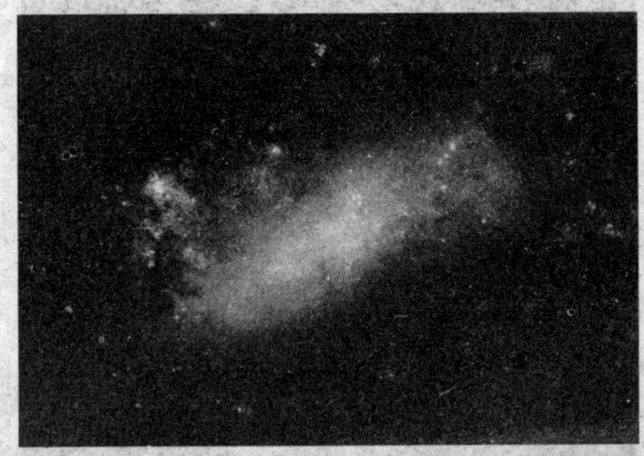

◆大麦哲伦星云

大、小麦哲伦星云都在南半天球距离南天极大约20°左右的地方。大麦哲伦星云位于剑鱼座与山案座两个星座的交界处，跨越了两个星座，占据了8°×7°的天区，相当于200多个满月的视面积。大麦哲伦星云是个不规则星系，它有个由年老红色恒星所组成的棒状核心，外面环绕着年轻的的蓝色恒星，以及靠近上面这张影像顶端的明亮红色恒星形成区——蜘蛛星云。近代最明亮的超新星SN1987A，就是发生在大麦哲伦星云里。小麦哲伦星云位于杜鹃座，占据了4°×2°的天区，相当于30个满月的视面积。大麦哲伦星云和小麦哲伦星云之间相距大约20°。

◆璀璨小麦哲伦星云

在南半球看大、小麦哲伦星云，一年四季，它们都高高地悬挂在南天天顶附近，争相辉映，从不会落到地平线以下。就像我们在北半球看北斗七星永远不会落到地平线以下一样。它们是南天的一对瑰宝。可惜的是在北半球大部分地区都看不见它们，在我国南沙群岛一带，也只能在非常接近南方地平线的地方寻找到它们。

广角镜：发现两个超新星爆炸遗迹

位于智利的双子南座望远镜上的多天体光谱仪近日捕捉到了大麦哲伦星云的DEM L316号地区两个超新星爆发遗留下的气泡状星云。从观测照片上看，两团气泡状星云似乎将要漂浮并穿过大麦哲伦星云。这种泡沫状天体延伸的距离大约有140光年。这些星云虽然看起来几乎就像是一个天体，但是它们却是由不同类型的超新星爆炸所形成的两种截然不同的气体与尘埃复合物。科学家们认为，这一发现将有助于进一步发现和研究超新星爆炸的残留物。

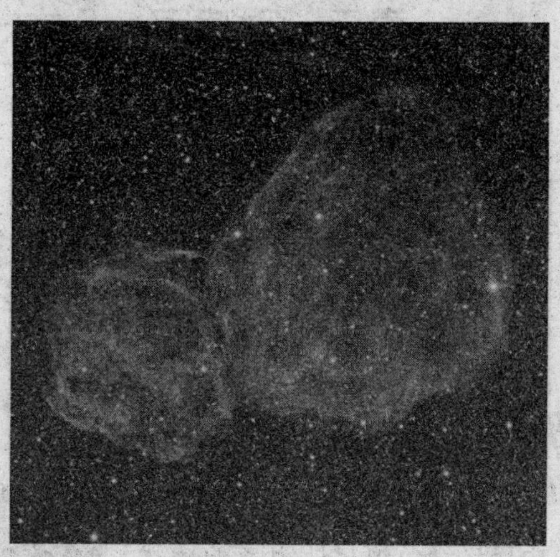

◆大麦哲伦星云内发现两个超新星爆炸遗迹

大、小麦哲伦星云的命名

大、小麦哲伦星云是以16世纪葡萄牙著名航海家麦哲伦的名字命名的。1519年9月20日，麦哲伦在西班牙国王的支持下，率领一支200多人的船队，从西班牙的一个港口出发，开始了人类历史上第一次环绕地球的航行。1520年10月份，麦哲伦带领船队沿巴西海岸南下时，每天晚上

抬头就能看到天顶附近有两个视面积很大的、十分明亮的云雾状天体。麦哲伦注意到这两个非同一般的天体，并把它们详细地记录在自己的航海日记中。麦哲伦本人后来航行到菲律宾时被一个小岛上的土著居民杀害了，但是他的18名部下在历经了千难万险、经过几乎整整3年之后，终于在1522年9月6日回到了西班牙，完成了这次环绕地球航行的壮举。为了纪念麦哲伦的伟大功绩，后人就用他的名字命名了南天这两个最醒目的云雾状天体，称之为大麦哲伦星云和小麦哲伦星云，因为当时人们还不知道它们实际上是两个河外星系。

◆从地面拍到的大、小麦哲伦星云

◆费迪南德·麦哲伦

广角镜：麦哲伦星云释放巨型喷流

麦哲伦流比之前天文学家估计长了40%左右，表明这种现象可能源于25亿年前。美国弗吉尼亚大学天文学家戴维一尼德威尔说，那个时候，两个麦哲伦星云“可能已经相互靠近，拉开了恒星大规模形成浪潮的序幕。”据他介绍，这些活动可能引发了恒星风和大爆炸，使得第一批麦哲伦流向银河系方向进发。

◆这是来自罗伯特一拜尔德绿岸射电望远镜的照片中，两个麦哲伦星云(图像右下角白点）释放出大量的氢气（红色)，这些氢气在银河系下方(蓝白相间部分）形成一道弧线

1. 从我们的银河系看出去，最明亮的星系是什么星系?
2. 大、小麦哲伦星云在什么位置?
3. 是谁命名了大、小麦哲伦星云?
4. 通过课外阅读，讲讲麦哲伦的故事?